新型职业农民培育工程

农村家庭理财

李　光　宋晓薇　主编

中原农民出版社

· 郑州 ·

本书作者

主　编　李　光　宋晓薇

副主编　赵　强　索　静　宋秋丽

图书在版编目(CIP)数据

农村家庭理财/李光,宋晓薇主编.—郑州:中原农民出版社,2017.12
(新型职业农民培育工程)
ISBN 978-7-5542-1328-5

Ⅰ.①农… Ⅱ.①李… ②宋… Ⅲ.①家庭管理-财务管理-基础知识 Ⅳ.①TS976.15

中国版本图书馆 CIP 数据核字(2015)第 251469 号

出版社:中原农民出版社(地址:郑州市经五路 66 号

电话:0371-65751257　　邮政编码:450002)

发行:河南新华书店

承印:河南鸿运印刷有限公司

开本:787mm×1092mm　　1/16

印张:12.75

字数:185 千字

版次:2016 年 1 月第 1 版　　**印次:**2017 年 12 月第 1 次印刷

书号:ISBN 978-7-5542-1328-5　　**定价:**25.00 元

前　言

《农村家庭理财》是一本普及性与应用性相结合的科普读物。本书有别于传统的城市家庭理财内容，凸显了农村家庭的财务特点，体现了农村理财市场的特征。本书由农村家庭理财基础知识，农村家庭现金规划，农村家庭教育规划，农村家庭保险规划，农村家庭投资规划，农村养老、医疗规划，农村土地流转与管理规划七个单元组成。考虑到农民朋友知识需求的特点，本书更侧重于理财知识的操作性和实践性，更多地介绍“怎么做”，突出了理财知识的实务性特点。同时，在内容的阐释上力求简单明了、通俗易懂。

本书可作为农民专业合作社、家庭农场、农业企业、农户的普及培训教材，也可以作为农业经济类、理财类专业的选用教材，以及理财类资格考试、农村金融机构理财类岗位培训、函授教育等的参考用书。

本书由李光、宋晓薇担任主编，共同负责拟定大纲、书稿总纂、统稿校对等工作，赵强、索静、宋秋丽担任副主编。具体编著工作如下：李光编写第一单元，宋晓薇编写第二单元、第五单元，宋秋丽编写第三单元，赵强编写第四单元、第七单元，索静编写第六单元。

目　录

第一单元
农村家庭理财基础知识

单元提示

· 掌握农村家庭理财的含义、对象、工具、内容、目标、作用。

· 熟悉家庭生命周期理论、金融市场基础、会计基础、家庭财务报表分析、货币的时间价值。

一、你不理财，财不理你

有句话说“金钱不是万能的，但是没有金钱是万万不能的”，自古就有“一文钱难倒英雄汉”的说法。在当代，金钱渗透在我们生活的每个角落，穿衣、吃饭、住房、旅行等都离不开它。

钱虽是好东西，但“你不理财，财不理你”，如果我们对自己的财富不善于管理，财富是不会增值的，甚至还会贬值。

农民朋友挣钱不容易，农村家庭财产有限，使得其抗风险能力较弱，大多数人都有“挣得起赔不起”和“有财不外露”的保守思想。农民口袋里有了钱却不懂如何运用理财手段“使钱生钱”，这在一定程度上制约了农村家庭财富的保值和增值，也给农村家庭带来了许多隐性的财务损失。

农民手中的闲钱：

- 一是存银行，赚点利息。
- 二是民间借贷，通过亲戚朋友放贷给周边需要钱的人。
- 三是盖房，不少富裕的农户将积蓄反复用在新盖、翻修房屋上。

农村家庭理财可以分为三个层次：

一是获取并创造财富，比如利用信贷资金用于生产，增加收入。

二是财富增值管理，“使钱生钱”，比如储蓄、股票、基金债券等投资。

三是合理消费和规划，比如把钱用于购房、购车、教育投资、养老储备。

一直以来，农村居民对第一层次关注较多，对第二、第三层次触及较少，而第二、第三层次恰恰是农村家庭理财能力的体现，也是农村市场迫切需要开发和拓展的。

数据显示，目前我国农村居民的储蓄存款金额已经高达22 000亿元以上。这一庞大的数字表明着农民单一被动理财的传统没有改变。

（一）何谓理财？

有些人认为理财是发财致富之后的事情，有些人认为理财是成家立业之后的事情，还有些人认为理财是买车、买房之后考虑的事情，其实理财伴随着人生的每一个阶段，小时候父母帮你理财，成家后需要自己理财，年龄大了需要子女帮助理财。

有人说，没有财怎么理？没有财只是说没有剩余财富，但只要有收入和开支常项，就需要合理规划开支，开源节流，创造财富。理财是对所有财产的规划，只要有收入，就要规划如何分配收入；有支出，就要规划如何合理控制支出；要面对养老、教育、医疗等问题，就要规划如何用最有效的方法应对。

有人说，钱不多怎么理？低收入者比高收入者更需要理财。当风险发生时，低收入者往往没有经济能力抵抗风险。低收入者理财的重点是风险管理和获得保障，其次是收益。高收入者理财的重点是资产规划，合理避税，无风险套利，获得保障。

可以说，理财是赚钱——收入（工作收入、投资收入）、用钱——支出（生活支出、理财支出）、存钱——资产（紧急备用金、投资、置产）、借钱——负债（消费负债、投资负债、自用资产负债）、省钱——节税（节税规划、财产税节税规划、财产移转节税规划）、护钱——保险与信托（寿险、医疗险、意外险、失能险、火险、责任险、信托）的综合性规划，就像战场上的排兵布阵，不同理财目标有不同理财阵形和不同的理财方案。

1. 理财的含义

农村家庭理财贯穿于农户的衣食住行各个方面，以及生老病死各个阶段，人生各阶段的重大事件中，接受教育、投资、购房、买车、结婚、养孩、子女教育、医疗、养老、丧葬等，无不和理财相联系。好的理财规划能够帮助农户实现财富的最大化、消费的理性化、保障的完备性和养老的依靠性，进而提高生活品质。

理财是指通过收集、整理个人或家庭的收入、消费、资产、负债等数据，根据个人或家庭的财务目标、风险承受能力、心理偏好等情况，制订投资（储蓄、债券、股票、基金）、消费（房产、汽车、教育）、保险、税务、退休养老等一系列的家庭财务方案，并予以实施的过程。

理财规划是全方位的、综合性的、个性化的、长期的、专业化的财务技能。完整的个人理财规划包括：

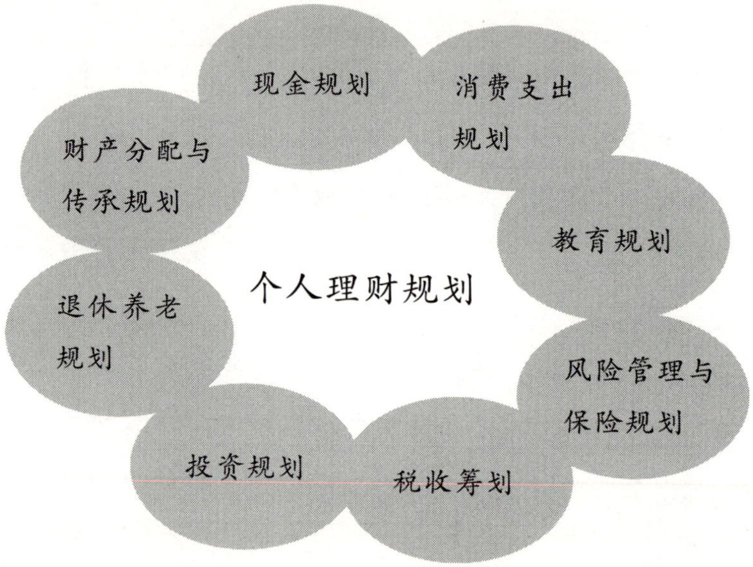

本书重点介绍现金规划、教育规划、保险规划、投资规划和退休养老规划。

2. 理财的对象和工具

在进行家庭理财规划时，需要根据农户家庭的信息，编制个人或家庭的资产负债表、收入支出表进行分析，计算家庭各项财务比率数值，并与财务比率参考值比较，找出问题，确定调整项目，制订出合理的理财规划方案。

在整个理财流程中，核心环节是如何编制一份合格的资产负债表和收入支出表，并在这两份财务报表的基础上展开财务分析。只有在完成了这两项任务后，才有可能制订出一个合理、有效的理财规划方案。因此，要想制订合格的理财方案必须具备编制和分析家庭财务报表的能力，这是理财的前提。

（1）理财的对象　主要是资产、负债、收入、支出。

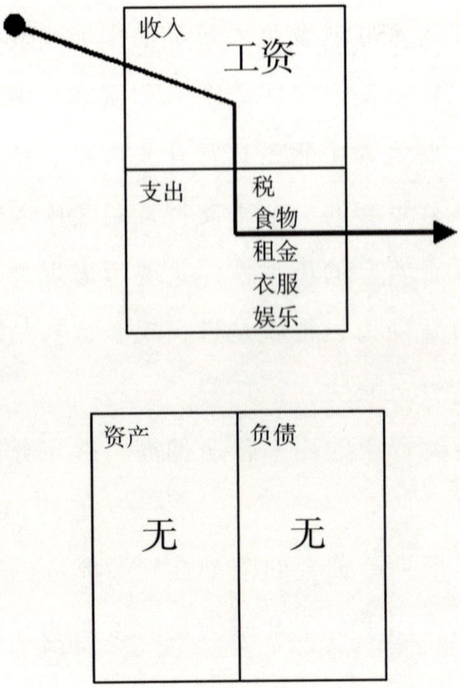

低收入者或刚起步的年轻人的现金流向图

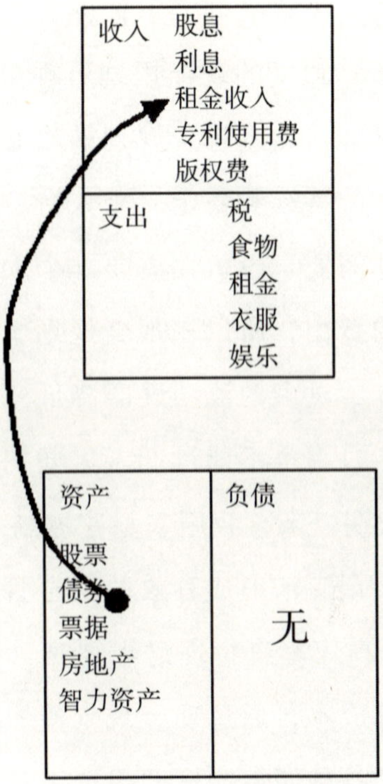

高收入者的现金流向图

1）资产。资产是你不用工作就能把钱放到口袋里的东西。

资产包括家庭现有的金融资产、实物资产。金融资产项目应具体到现金、银行存款、股票、债务、基金等；实物资产项目应具体到房产、汽车、首饰、收藏品等。

2）负债。负债是从你口袋里把钱拿走的东西。负债项目应包括房贷、车贷、信用卡透支、助学贷款及其他贷款。

3）收入和支出。收入项目包括家庭的工资、奖金、利息、分红、租金收入等；支出一般包括日常开支，如水电煤气、通信费、交通费、生活开支、外出就餐、休闲娱乐、赡养父母、保险费等项目。

（2）理财的主要工具　包括证券投资基金、商业保险、固定收益证券、股票、期货、对冲基金、私募股权基金、外汇、黄金、个人信托、银行理财产品、权证、券商集合理财产品、房地产投资信托等。

3. 农村家庭理财的内容

农村家庭理财主要包括现金规划（包括消费支出规划）、教育规划、保险规划、投资规划、退休养老规划五个方面。

（1）适度的现金规划　现金规划是对家庭或者个人日常的现金及其等价物的管理活动。现金规划的核心是建立应急基金，保障个人和家庭生活质量和状态的持续和稳定。个人持有现金主要是为了满足日常开支需要、预防突发事件需要、投机性需要。个人要保证有足够的资金来支付计划之中和计划之外的费用，所以在现金规划中既要保证资金的流动性，又要考虑现金的持有成本，过多的流动性会降低资产的收益能力，也就是说，现金持有的比例既不能过高也不能过低，需要把握一个合适的度。

长期以来，我国农村家庭持有现金类资产的比率普遍偏高，这充分说明我国公众尚未形成有效的现金管理理念。

农村家庭进行理财规划时，既要保证自己资金的流动性，又要考虑现金的持有成本，通过现金规划使短期需求可用手头现金来满足，预期的现金支出通过各种储蓄或短期投资工具来满足。

（2）完备的保险规划　人生风险无处不在，如生病、伤残、亲人离世、天灾、失窃、失业等，这些意外事件都不同程度地影响着个人（家庭）的生活。为抵御这些不测与灾害，应该制定科学的理财规划。

农户通过进行保险规划做出适当的财务安排，将意外事件带来的损失降到最低限度，使自己的家庭更好地规避风险。同时，在理财规划的过程中还应注重对非保险类的风险进行管理，以便更好地保障生活。

（3）完善的教育规划　教育规划是为子女准备接受高等教育的费用，为孩子积累教育基金的规划。随着高等教育学费的逐年提高，子女教育规划已经成为家庭理财规划中非常重要的一部分，父母更需要及早地为孩子做好教育基金的积累，确保将来有能力支付教育费用。

除了子女教育外，成人也需要接受再教育，一样需要花钱。

（4）攻守兼备的投资规划　投资规划是为不同客户或同一客户不同时期的理财目标而设计的，不同的理财目标要借助于不同的投资产品来实现。

个人财富的增加有两个渠道，一是减少支出，二是增加收入。

在收入组成中，投资具有主动争取更高收益的特质。

正确的财富积累方式，是根据理财目标、个人可投资额以及风险承受能力进行资产配置，并确定有效的投资方案，使投资收入占家庭总收入的比重逐渐提高，带给个人或家庭的财富逐渐增多，使其成为个人或家庭收入的主要来源，最终达到财务自由。

（5）稳健的养老准备　养老规划是为保证客户在将来有一个自立、有尊严、高品质的退休生活，而从现在开始积极实施的规划方案。退休规划核心在于进行退休需求的分析和退休规划工具的选择。

据统计，到2050年，我国60岁和65岁以上的老龄人口总数将分别达到4.5亿人和3.35亿人，这意味着每3个人中就有1个老人。人口老龄化对社会保障覆盖面、现行的家庭养老模式、中国的养老金支付能力都提出了严峻挑战。传统的社会保障与家庭养老模式已被打破，所以有必要在青壮年时期进行财务规划，以便晚年能过上“老有所养，老有所终，老有所乐”的有尊严的、自立的生活。

4. 农村家庭消费支出种类

一般来说，农村家庭的全部收入用来支付以下方面：生活必需品、教育、医疗保健品、投资理财产品和其他方面。

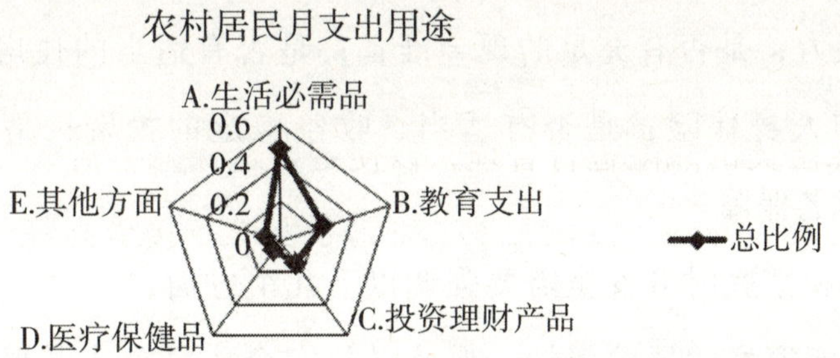

（二）农村家庭理财的重要性

1. 农村家庭理财的意义

有句俗话说“吃不穷，穿不穷，算计不到就受穷”，这句话从根本上道出了理财的价值所在，理财的本质目的是让生活更有质量。

具体来说，农村家庭理财的意义在于：防范各种农业生产、人身和财产风险，如自然灾害、疾病、早亡、丧失劳动能力、失业、失窃；实现家庭财产的保值增值；给孩子高等教育积累资金；为孩子的结婚、买房、购车提供资金保障；为自己的养老和医疗提供资金储备。

2. 农村家庭理财的目标

（1）财务安全　财务安全是指个人或家庭对自己的财务现状有充分的信心，认为现有的财富足以应对未来的财务支出和其他生活目标的实现，不会出现大的财务危机。

衡量一个人或家庭财务安全的标准：是否有稳定、充足的收入；个人是否有发展的潜力；是否有充足的现金准备；是否有适当的住房；是否购买了适当的财产和人身保险；是否有适当、收益稳定的投资；是否享受社会保障；是否有养老保障。

保障个人和家庭财务安全需要强调以下几个方面：

第一，确定家庭的风险属性，保持财务安全。每个人需要根据个人及家庭的具体财务情况以及风险承受能力来选择资产种类和投资比例。

第二，负债水平合理，保持家庭财务流动性。要根据家庭收入支出状况确定合理负债水平，以免影响正常生活，造成心理负担。负债结构、投资期限、投资品种匹配，保持家庭财务具有充足的流动性。流动性即资产有足够的变现能力。

第三，制定家庭财富管理目标，确定投资期限的长短。对于大多数人而言，需要对个人及家庭的财务资源进行分类，优先满足家庭的财务目标，构建核心资产组合；再将富余资金配置于具有一定风险的资产，构筑合理资产组合，在保障家庭财务安全的基础上通过投资来增加财富。

第四，制订适合自己的投资方案。确定了财务目标、风险属性后，随后需要决定的就是一个适合自己的投资方案，也就是需要制订一个可行性方案来操作，即为投资组合。投资人的风险承受力是考虑所有投资问题的出发点，风险承受力强的，可以考虑高风险、高收益的投资工具，诸如股票、偏股型基金；风险承受力不强的，可以考虑低风险的工具，如债券、偏债型基金、保险等。

（2）财务自由　财务自由是指个人或家庭的收入主要来源于投资而不是工作。

通俗地说，财务自由就是当你不工作的时候，也不必为金钱发愁，因为你有其他投资。当工作不是你养家糊口的唯一手段时，你也获得了快乐的基础，也达到了财务自由。财务自由是无须为生活开支而努力，为钱而工作的人生状态。

财务自由 = 被动收入 > 生活开支。

被动收入是不用主动付出劳动，靠投资、靠他人的时间或资本而获得的收入。被动收入不是不劳而获，你积累了足够借力或借财的能力之后，才会有被动收入。被动收入是实现财务自由和提前退休的必要前提。

被动收入来源

- 出租房屋
- 股息或基金分红
- 银行定期存款和每月收入计划
- 子女抚养费或信托基金
- 出租专业资格收益
- 家族企业的利润收入

延伸阅读

什么是财务自由？

苏茜·欧曼，美国全国广播公司商业新闻（CNBC）个人理财栏目的主持人。这位美国个人理财权威对财务自由的解释是：现实意义财务自由不是拥有百万千万美元，而是感觉到自由，了解你自己和你自己所拥有的，知道即使明天因为生病或公司裁员你丢了工作，你也不会有大麻烦，仍旧可以舒适地生活一段时间，不必发愁立即找工作。等你年老退休时，也许你的生活不算豪华奢侈，但你可以生活得很舒适，不会欠账。偶尔出去旅行，能自给自足。等你去世的时候，你留给家庭的财富会超过你原本拥有的。财务自由是让你的财富能够各自分工，各司其职，发挥他们各自的作用，从而构建起自己的财务自由王国。

二、理财基础知识

（一）生命周期

理财将生命周期分为单身期、家庭与事业形成期、家庭与事业成长期、退休前期、退休期五大生命周期。

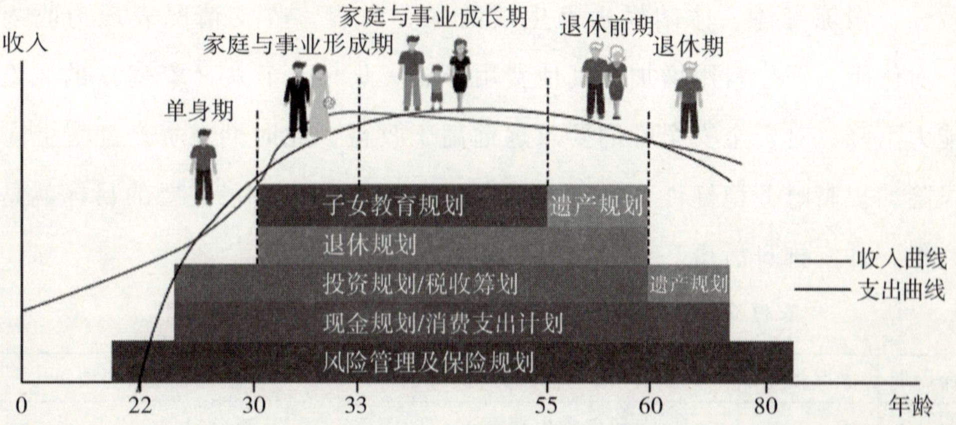

单身期。指有收入来源到结婚之前的这段时期，一般为2～8年，这个时期人群的年龄一般为22～30岁。在这个时期，个人的经济收入能力比较低，花销大，但这个时期又往往是家庭资金的原始积累期。这个时期的人生目标应该是积极参加教育培训为自我积累资本，努力劳动赚更多的钱。有节余时，可以考虑小额投资，学习和积累理财经验。

家庭与事业形成期。指从结婚到子女诞生的这段时期，一般为1～3年。在这个时期，最大的支出一般为婚嫁、养孩、买房或买车支出，对此应进行仔细规划，使月供负担在自己的经济承受范围之内。另外，此时应开始考虑高等教育费用的准备，以减轻子女未来接受高等教育时的资金压力。

家庭与事业成长期。指子女出生到子女完成大学教育的这段时期，一般为18～22年。在这个时期，家庭成员不再增加，整个家庭成员年龄都在增长，经济收入增加，同时花费也随之增加，生活已经基本稳定。但子女上大学后，由于高等教育支出的增加，家庭支出会有较大幅度上升。对处于这一时期的家庭而言，应设法提高家庭资产中投资资产的比重，逐年累积净资产。

退休前期。指子女参加工作到个人不再参加生产劳动之前的这段时期，一般为10～15年。在这个时期，个人赚钱能力一般处于巅峰状态，但身体状况开始下滑。最重要的是准备养老医疗金，在资产组合中适当降低高风险投资的比重。

退休期。指完全脱离生产的这段时期，进入退休期，个人肩负的家庭责任减轻，锻炼身体、休闲娱乐是生活的主要内容，收支情况表现为收入减少，而休闲、医疗费用增加，其他费用降低。此时，个人（家庭）的风险承受能力下降，对资金安全性的要求远远高于收益，此时期在资产配置上应降低风险，提高财务稳健性。在这一时期，个人（家庭）最主要的目标就是安度晚年，并安排身后事。

农村不同生命周期、不同模型下的家庭重点理财规划项目

生命周期	家庭模型	理财需求分析	重点理财规划项目
单身期	青年家庭	1. 满足日常生活开支	1. 现金规划
		2. 储蓄	2. 投资规划
		3. 小额投资积累经验	
家庭与事业形成期		1. 子女出生和教育	1. 现金规划
		2. 建立应急基金	2. 风险管理规划
		3. 增加收入	3. 投资规划
		4. 储蓄和投资	4. 子女教育规划
		5. 建立退休基金	5. 退休养老规划
家庭与事业成长期	中年家庭	1. 子女教育费用	1. 子女教育规划
		2. 增加收入	2. 风险管理规划
		3. 风险保障	3. 投资规划
		4. 储蓄和投资	4. 退休养老规划
		5. 养老金储备	5. 现金规划
退休前期		1. 提高投资收益的稳定性	1. 退休规划、遗产规划
		2. 养老金储备	2. 投资规划
			3. 现金规划
退休期	老年家庭	1. 保障财务安全	1. 现金规划
		2. 准备善后费用	2. 投资规划、遗产规划

（二）金融市场

1. 金融市场的含义

金融市场，即货币资金融通的市场，是指资金的盈余方与短缺方通过买卖金融工具以融通资金的场所或机制，通常包括以所有可流通的有价证券为金融工具的融资活动以及金融机构之间的资金拆借、黄金、外汇买卖。

2. 金融市场的分类

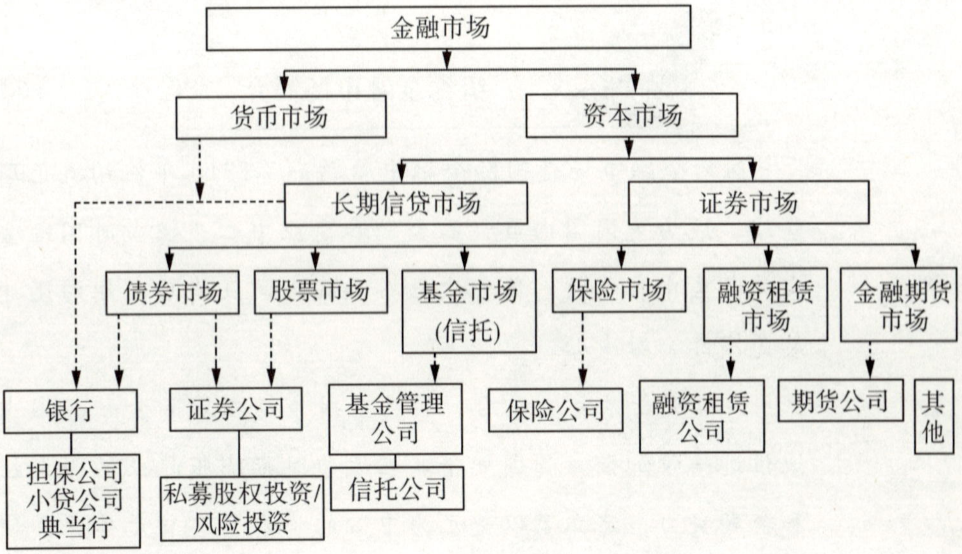

按交易对象分类，金融市场分为拆借市场、票据市场、CD（大额可转让定期存单）市场、证券市场、黄金市场、外汇市场和保险市场等。

按期限划分，金融市场分为短期金融市场和长期金融市场。短期金融市场是指融资期限在 1 年以内的金融市场，其融通的资金偿还期比较短，流动性比较高，风险较小，与货币的差别不大，而且这些金融商品往往被当作货币的代用品，如商业票据、银行票据等，所以短期金融市场也称为货币市场。长期金融市场是指融资期限在 1 年以上的金融市场，其交易的金融商品主要是股票和长期债券等，由于其期限比较长、风险比较大，而且能够给购买者带来一定的收入，所以长期金融市场也称为资本市场。

按市场功能划分，金融市场分为发行市场和流通市场。发行市场又称为初级市场或一级市场，是指发行者将其发行的票据或证券等金融商品最初出售给投资者的市场。流通市场也称为次级市场、二级市场、交易市场或转让市场，是已发行票据或证券等金融商品转让、买卖的市场。

按交易场所划分，金融市场分为有形市场与无形市场。有形市场是指固定的具体交易场所，有专门组织机构和人员，有专门设施的市场，如证券交易所。无形市场是指没有固定的具体交易场地，而是进行分散的非组织化交易的市场，主要是双方通过电话、电报、计算机或传真等通信工具进行交易的市场，如拆借市场、贴现市场等。

延伸阅读 **纽约金融市场简介**

纽约金融市场是国际金融中心之一。1810 年纽约就已取代费城，成为美国国内最大的金融和商业中心，但当时国际金融交易都集中在伦敦。第一次世界大战期间及战后，纽约迅速发展为国际金融中心。

第二次世界大战以后，纽约金融市场在国际金融领域中的地位进一步加强。美国凭借其在战争时期膨胀起来的强大经济和金融实力，建立了以美元为中心的资本主义货币体系，使美元成为世界最主要的储备货币和国际清算货币。纽约联邦储备银行作为贯彻执行美国货币政策及外汇政策的主要机构，在金融市场的活动直接影响到市场利率和汇率的变化，对国际市场利率和汇率的变化有着重要影响。世界各地的美元买卖，都必须在纽约的商业银行账户上办理收付、清算和划拨，因此纽约成为世界美元交易的清算中心。1983 年世界最大的 100 家银行在纽约设有分支机构的就有 95 家。这些都为纽约金融市场的进一步发展创造了条件，加强了它在国际金融领域中的地位。

3. 货币市场

货币市场是专门融通短期资金、实现短期资金借贷的市场。农村家庭可以参与的有收藏品市场等。

延伸阅读 **人民币收藏狂热　第一套市价已高达 600 万**

在收藏市场上，1962 年版 1 角纸钞急剧升温。1962 年版的1角钱按背面花纹可以分为“背绿水印”“背绿”“酱紫”三种，其中最稀少的为“背绿水印”。由于该款人民币年代久、流通频繁，至今现存的完整的货币已不多，尤其是票面崭新的、连号的尤为稀有。

我国第一套人民币全版市场行情高达600万元，第二套人民币全版市场行情达35万元。在钱币收藏市场上，区区一角钱可值4万~5万元，最多的甚至达到15万元，足够买一辆车。

4. 资本市场

资本市场即长期资金市场，是指以长期金融工具为媒介而进行的1年期以上的资金交易活动的市场。资本市场的主要活动是发行和买卖各种债券、股票、基金，满足政府和企业对长期资金的需要，还包括融资期限在1年以上的银行信贷活动等。资本市场具有期限长、风险大、收益高的特点，是金融市场的重要组成部分。按证券的性质不同，主要分为股票市场、债券市场和基金市场。

（三）会计基础

2013年中央一号文件提出，坚持依法自愿有偿的原则，引导农村土地承包经营权有序流转，鼓励和支持承包土地向专业大户、家庭农场、农民专业合作社流转，发展多种形式的适度规模经营。其中，家庭农场概念首次在中央一号文件中出现。近年来，上海松江、湖北武汉、吉林延边、浙江宁波、安徽郎溪等地积极培育家庭农场。据统计，农业部确定的33个农村土地流转规范化管理和服务试点地区，已有家庭农场6 670多个。在美国和西欧一些国家，农民通常在自有土地上经营，也有的以租入部分或全部土地经营。农场主本人及其家庭成员直接参加生产劳动。早期家庭农场模式是独立的个体生产，在农业中占有重要地位。

所谓家庭农场，是指以家庭成员为主要劳动力，从事农业规模化、集约化、商品化生产经营，并以农业收入为家庭主要收入来源的新型农业经营主体。随着我国种养大户、家庭农场、农民专业合作社等组织形式的发展壮大，以及农户家庭自身的理财需求，都需要通过会计核算的基本办法来打理自身的资产、负债、收入和支出，从而更好地管理财富。

家庭农场金字塔管理模式图解

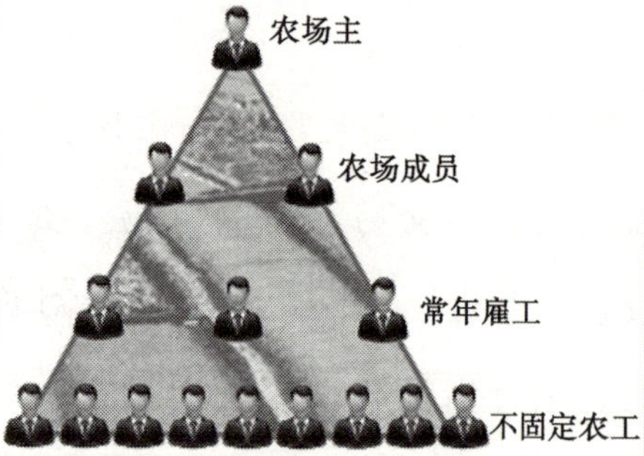

农场主、成员、常年雇工均为亲属关系，这样的“金字塔”管理模式提升了家庭农场的效益。

1. 会计核算的基本前提

会计核算的前提包括会计主体、持续经营、会计分期、货币计量。

会计核算的基本前提

（1）会计主体　会计主体是指会计信息所反映的特定单位或组织。会计反映了特定对象的信息，对于农村理财，我们可以将农户个人或家庭作为会计主体，将个人或家庭的财务收支作为核算对象。

（2）持续经营　持续经营是指在可以预见的将来，农业生产组织将会按当前的规模和状态继续经营下去，不会停业，也不会大规模削减业务。除非有反面例证，否则就能够认为该经营活动将无限地经营下去。就农户家庭而言，需要假定个人的财务收支活动是一个持续不断的过程，这样才有进行规划的必要。

（3）会计分期　会计分期是指以将农业经营组织不断的经营活动分割为若干个较短时期，据以结算账目和编制会计报表，提供会计主体的财务状况、经营成果的会计信息。在我国的会计实务中，通常以日历年度作为企业会计年度，即从公历1月1日起至12月31日止为一个会计年度。此外，农业组织需要按照季度、月份结算账目并编制会计报表，所以季度和月份也是会计期间的一种形式。对于农户个人理财也是如此，一个会计分期通常也认为是从公历1月1日起至12月31日止为一个会计年度，通过分期可以进行阶段性对农户家庭的财务状况总结，将长期规划细化，使其更具有可操作性。

（4）货币计量　货币计量，是指在会计核算过程中采用货币作为计量单位，计量、记录和报告会计主体的生产经营活动。我国会计实务中，核算应该以人民币为记账本位币，业务收支以外币为主的农村组织，也可以选择某种外币作为记账本位币，但编制的会计报表应当折算为人民币反映。对于农户个人理财也是如此，以人民币作为记账货币。

2. 会计要素

会计要素分为六个，即资产、负债、所有者权益、收入、费用和利润。

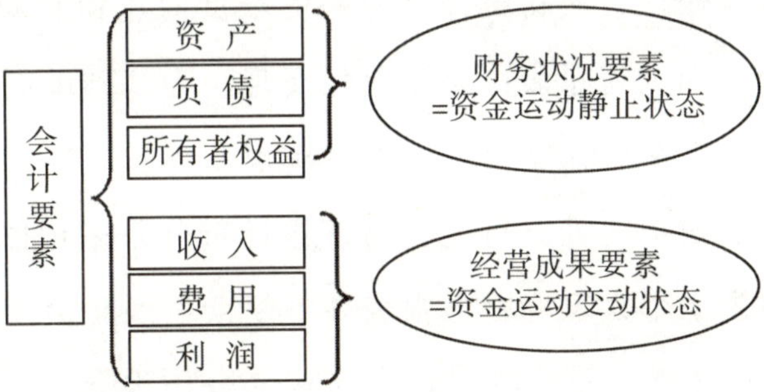

对农村个人及家庭理财而言，会计要素一般不会太复杂。根据农村家庭理财的特点，可以将其会计要素分为资产、负债、净资产、收入和支出五大类，并以此来编制农村家庭财务报表。

资产是指过去的交易、事项形成并由农户家庭拥有或控制的资源。负债是指过去的交易、事项形成的家庭的现时义务，履行该义务预期会导致经济利益流出。

所有者权益是指所有者在资产中享有的经济利益，其金额为负债后的余额。收入是指在销售商品、提供劳务及让渡资产使用权等日常活动中所形成的经济利益的总流入。

费用是在销售商品、提供劳务等日常活动中所发生的经济利益的流出。利润是农户家庭在一定会计期间的经营成果，其金额表现为收入减费用后的差额。

3. 记账制度

按照规定，农村企业和家庭应当以权责发生制为基础进行会计确认、计量和报告。所谓权责发生制，是指凡是当期已经实现的收入和已经发生或应当负担的费用，不论款项是否收付，都应作为当期的收入和费用处理；凡不属于当期的收入和费用，即使款项在当期收付，都不应作为当期的收入和费用处理。权责发生制原则的核心是根据权责关系的实际发生和影响期间来确认会计期间的收支和损益。与权责发生制并存的会计基础是收付实现制。所谓收付实现制，是指完全以款项的实际收付日期为基础来确定收入和费用的归属期，也称“现金制”。

权责发生制更能准确地反映特定会计期间真实的财务状况和经营成果。目前，农民专业合作社、农村集体企业的资产负债表和利润表是以权责发生制为基础编制的，现金流量表则是以收付实现制为基础编制的。

农村个人及家庭收支流量大多以收付实现制计算，对照初期与末期的现金，看记账时有无漏记之处。每笔交易都做借贷分录来记账，是正确、科学的记账方式，但由于个人家庭财务报表并不复杂，因此很少使用。

对于农村家庭理财，我们将农户个人或家庭作为会计主体，将财务收支作为会计核算对象。持续经营是假定农村家庭的财务收支活动是一个持续不断的过程，这样才有进行规划的必要。会计分期通常认为是从公历1月1日起至12月31日止为一个会计年度。对于农村家庭理财，以人民币作为记账本位币。记账制度农村个人及家庭收支流量大多以收付实现制计算，收付实现制，是指完全以款项的实际收付日期为基础来确定收入和费用的归属期，也称“现金制”。

4. 会计等式

基于会计要素的资产、负债和所有者权益三者的增减变化，之间相互联系有一定的规律可循，形成了会计的基本方程式，即会计等式。

以某种形式占用或存在的资产，就必定有同等数量的资金来源（负债和权益），资产和资金来源是同一资金的两个不同方面。它们二者始终保持平衡，所以存在会计的基本平衡关系，即会计平衡式：

资产 = 负债 + 所有者权益

农村家庭或农村经营组织如果开展经营活动，在会计期间内实现了收入，但同时要付出一定的代价，即成本费用，两者相抵后，形成损益。如果收入大于成本费用，则产生了利润；如果收入小于成本费用，则形成亏损。所以出现了第二个会计等式：

收入 - 费用 = 利润

5. 会计核算内容

会计核算的内容就是要对农村家庭发生的这些事项，也就是对影响农村家庭资产、负债、所有者权益、收入、费用和利润这六项要素进行确认、计量、记录和报告。也就是通俗所说的“记账”“算账”“报账”。

会计确认是财务会计的一项重要程序，它是指交易、事项中的一个项目是否和应该在何时、如何当作一项要素加以记录和计入会计报表的过程。确认的定义表明，确认需要解决“应否确认”“何时确认”和“如何确认”三个问题，其中关键的是“应否”与“何时”。

会计计量指的是用数量金额对财务报表要素进行描述，即指入账的资产应按什么样的金额予以记录和报告。计量模式由两个要素构成：一是计量单位，二是计量属性。计量单位通常采用名义货币，计量属性是指会计要素可用货币计量的各种特征，包括历史成本、重置成本、可变现净值、未来现金流量的现值和公允价值。个人财务报表多采用市值记账，这样可以正确显示家庭财富的当前市值。

会计记录是指把已确认和已计量的农村经营组织的资产、负债、所存者权益、收入、费用和利润以会计凭证为依据，正式地记录在会计账簿中的过程，而对于农村家庭，这一过程一般可以省略。

会计报告是指以恰当的形式汇总日常确认、计量、记录的结果（会计账簿记录的结果），定期地向会计信息使用者通报的财务状况、经营成果和现金流量情况的文件。会计报告是会计信息使用者使用的主要会计信息，一般包括资产负债表、利润表和现金流量表以及报表附注。

6. 财务分析

农村家庭理财的财务分析以资产负债表、现金流量表为基础，运用一定的方法和程序，计算出一系列的财务指标衡量农村家庭的财务状况，评价其合理性，并找出问题，提出改善建议。财务分析的方法一般分为定量分析方法和定性分析方法两类。

（四）货币的时间价值

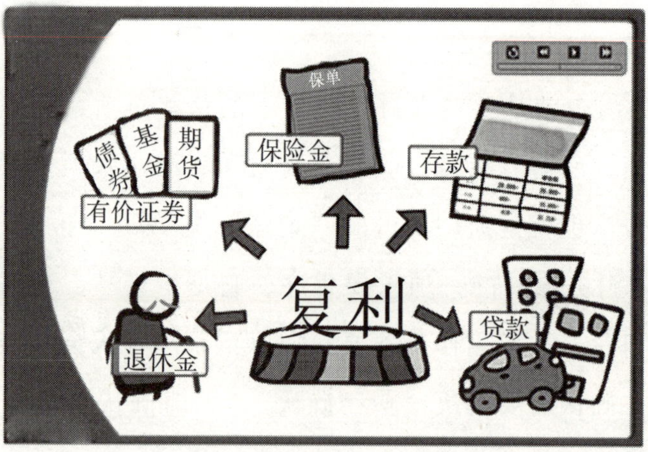

货币时间价值是指货币在运用的过程中随时间推移而带来的一部分增值。它反映的是资金随时间推延所具有的增值能力，一定数量的货币在两个时点之间的价值差异是衡量货币时间价值大小的标准，衡量货币时间价值的大小通常是用利息。

影响货币时间价值的主要因素包括时间、收益率、通货膨胀率。时间的长短是影响金钱时间价值的首要因素，时间越长，金钱的时间价值越明显。

收益率是决定一笔货币在未来增值程度的关键因素，而通货膨胀率则会抵消一部分货币的增值。

延伸阅读

神奇的货币时间价值

——投资理财翻倍的七十二法则

投资实务中有一个很有趣的问题：在利率给定的情况下，一笔投资需要多长时间才能翻倍？所谓的“七十二法则”就是“以1%的复利来计息，经过七十二年以后，你的本金就会变成原来的一倍”。这个公式好用的地方在于它能以一推十，例如，利用年报酬率为5%的投资工具，经过约14.4年（72÷5）本金就变成1倍；利用报酬率12%的投资工具，则仅需6年左右（72÷12），就会让1元钱变成2元钱。因此，如果今天你手中有100万元，运用了报酬率为15%的投资工具，你便可以很快知道，经过约4.8年，你的100万元就会变成200万元。同样的道理，若是你希望在10年内将50万元变成100万元，就该找到报酬率至少在7.2%以上的投资工具来帮助你达到目标；想在7年后本金加倍，投资率就应至少为10.3%才行。

从上面的理论和例子我们不难看出来，想要获得丰厚的理财回报，不能仅限于对于利息的单纯追求，更重要的是，把手中的资源进行其他方面的投资，产生复利。虽然利用七十二法则不像查表计算那么精确，但也已经十分接近了。因此如果你手中少了一份复利表时，记住简单的七十二法则，或许能够帮你不少的忙。

第二单元
农村家庭现金规划

单元提示

- 掌握现金规划的含义、作用、利弊分析。
- 熟悉流动性比率的计算和标准值。
- 了解现金规划工具的种类和特点。
- 能够根据家庭的财务状况，选择适当的现金管理工具，制订合理的现金规划方案。

一、农村家庭为什么需要现金规划

现金规划是对个人或家庭日常的、日复一日的现金及现金等价物的管理，是确保个人或家庭有足够的费用来支付计划中和计划外的费用，也就是要让家庭量入为出，以备不时之需。现金等价物，是指家庭持有的期限短、流动性强、易于转换为现金的投资。现金等价物有各类短期储蓄、短期国债、票据、货币市场基金等金融产品。

延伸阅读

现金规划有多重要

许先生是一位农产品加工企业主，企业经营情况不错，每年都有上百万元的收入。爱人没有工作，全职照顾家庭，孩子年纪尚小，开销不大。结婚5年来，两人已经积累出不少家产，有房有车，并且还清了所有贷款。夫妻二人不懂投资，一般赚了钱就拿去银行存着，2012年年底两人算了笔账，活期存款上已经有了300多万元。许先生和太太感觉无债一身轻，非常开心。

前不久，许先生和朋友谈起投资经，朋友发现他的资产情况“过度安全”，建议许先生购买短期理财产品，期限1个多月，预期收益6%左右。几次做下来，许先生觉得效果不错，确实收益提高了不少。许先生决定增加投资，以前活期账户上的几百万元存款几乎都变成了股票、债券、基金等理财产品。正在许先生兴致盎然地准备在投资市场上大显身手时，一个突发状况打乱了许先生的计划。许先生的企业由于一笔货款没有及时收回，导致资金链有了缺口，急需20万元资金补缺。以往许先生都是用个人资金垫付，很容易就能解决。这次，自有资金有一半在短期理财产品里，不能提前赎回；另外一半资金在前不久刚投的股票基金里，现在有5%的亏损，手头只有5万元活期存款可以动用。眼看公司那笔款不能再拖，只好亏损卖出基金，加上手续费亏损8%，这让许先生心疼不已。经过这一次尝试，许先生发现不能为了追求高收益而忽略了应急资金的规划。

二、农村家庭现金规划的利弊分析

（一）农村家庭现金规划的利弊

一般来说，个人或家庭进行现金规划能带来两个方面的好处：第一，满足家庭交易需要。指满足个人或家庭通过现金及现金等价物进行日常交易活动需求，家庭出于交易动机所拥有的货币量取决于收入水平、生活习惯等因素。一般来说，个人或家庭的收入水平越高，交易数量越大，其为保障日常开支所储备的货币量就越大。第二，满足家庭预防需要。预防需要是指为了预防意外支出而持有一部分现金及现金等价物，如个人为应对可能发生的事故、失业、疾病等意外事件而需要提前预留一定数量的现金及现金等价物。个人或家庭对现金及现金等价物的预防需求量主要取决于个人或家庭对意外事件的看法，以及家庭的收入水平。

个人或家庭现金规划的弊端：收益的损失。金融资产的流动性与收益率呈反方向变化，现金及现金等价物的流动性较强，则其收益率也相对较低。由于机会成本的存在，持有收益率较低的现金及现金等价物也就意味着丧失了持有收益率较高的投资品种的机会，因此，持有现金及现金等价物等于损失了一部分的投资收益。

因此，个人或家庭在持有现金和现金等价物时，应保持一个合适的度，平衡好满足流动性需求和投资收益损失之间的矛盾，既要满足生活的需求，也要将机会成本降低到最小。

（二）现金规划指标——流动性比率

现金规划是家庭理财规划中的核心内容之一，流动性比率是流动性资产与每月支出的比值，它反映家庭支出能力的强弱。资产流动性是指资产在保持价值不受损失的前提下变现的能力，流动性强的资产能够迅速变现而价值不受减损，现金与现金等价物是流动性最强的资产。流动性比率的计算公式如下：

流动性比率 = 流动性资产/每月支出

资产的流动性与收益性通常呈反比，即流动性较强的资产收益性较低，而收益性较高的资产其流动性往往欠佳。通常情况下，流动性比率的理想值为3~6，这意味着家庭流动性资产的持有量应该是每个月家庭支出的3~6倍。

延伸阅读

你的现金流模式是低收入人群、中产阶级还是高收入人群的？

现金流的管理是家庭理财的核心所在。家庭理财规划的目的是平衡现在和未来的收支，使家庭经常处于“收入大于支出”的状态，不会因为“无钱付账”而导致家庭财务危机，也不会因为寅吃卯粮而负债累累，影响家庭生活幸福。因此，必须重视家庭的现金流管理。

简单地说，生活中有三种现金流模式：

一种是低收入人群的，“收入 - 支出 = 储蓄”。一发工资，先消费，如有剩余才考虑储蓄。一不小心就背上了债，负债来自教育、医疗、意外伤害。

第二种是中产阶级的，“收入 - 负债 - 支出 = 储蓄”。收入比较高，房子有了，车子有了，每月开始还贷了，各种开销多了，到了月底常常剩不下多少钱。主要的负债有房债、车贷、卡债。

第三种是高收入人群的，“（一般收入＋非工资收入）－储蓄＝支出”。高收入人群的现金流模式有两个鲜明的特点，一是强调先储蓄后消费，二是除了一般收入（需要身体力行去挣），还有财产型收入。

中国经济正处快速增长的阶段，由于这种增长存在很大的不确定性，也使人们未来的收入和消费存在很大的“变数”，比如收入的不稳定、失业的威胁、通货膨胀的因素等。在这种情况下，家庭的理财规划应该“保守”一些，以免未来陷入财务困境。在目前“贷款消费”风行的情况下，更是要注重家庭现金流的管理，以免成为“贷款”的奴隶。一种比较适合农户致富的现金流模式推荐给大家：（工薪＋创收）＋理财收入－理财目标资金储蓄－家庭日常生活固定开销＝日常支出－小额节流。

三、农村现金规划工具

（一）农村现金规划的投资工具

1. 现金

现金是现金规划的重要工具。与其他的现金规划工具相比而言，现金有两个突出的特点：一是现金在所有金融工具中流动性最强，另一个特点就是持有现金的收益率低。在通常情况下，由于通货膨胀现象的存在，持有现金不仅没有收益率，反而会贬值。一般情况下，人们之所以会持有现金，主要是为了追求现金的流动性，但在客观上却损失了一定的收益。

2. 一般储蓄品种

（1）活期储蓄　活期储蓄是指无固定存期、可随时存取、存取金额不限的一种比较灵活的储蓄方式。活期储蓄适用于所有家庭，人民币1元起存，多存不限，由储蓄机构发给存折。目前，个人活期存款按季结息，按结息日挂牌活期利率计息，每季末月的20日为结息日，结息后本期利息自动滚入本金继续生息。未到结息日清户时，按清户日挂牌公告的活期利率计息到清户前1日止。

目前，人们更习惯把现金存入借记卡中，借记卡是指先存款后消费（或取现），具有存取款功能，但没有透支功能的银行卡。放到借记卡中的资金可以享受活期存款利率，还有证券转账、证券买卖、同城及异地通存通兑等众多理财功能。

大部分银行还开通了活期“一本通”，提供了一种综合性、多币种的活期储蓄。可在开户行的同城营业网点存款、取款，客户还可指定活期“一本通”作为水电费、通讯费等日常费用的缴费账户，省时省心，还可开通电话银行和网上银行，另外转账汇款也十分方便。

活期储蓄的优点主要有四个：一是时间、金额不受限制，随时存取，灵活方便；二是有利于培养计划开支、节约储蓄的习惯；三是既可保障款项安全，又可得到利息收入；四是通过活期储蓄的积累，可为转存定期储蓄创造条件。

（2）定期储蓄　定期储蓄是储户在存款时约定存期，一次或按期分次存入本金，整笔或分期、分次支取本金或利息的一种储蓄方式。定期储蓄存款的特点是，存款期限固定，存期较长，金额较大，利率高，存款相对稳定。定期储蓄的不足之处是如果储户需要提前支取本金，则已存期间的利息按实际支取日的活期存款利率计算。定期储蓄存款主要有整存整取定期储蓄、零存整取定期储蓄、存本取息定期储蓄和整存零取四种形式。

1）整存整取。整存整取是指储蓄机构和储户约定存期，整笔存入，到期一次支取本息的一种储蓄。它适合于较长期不用的款项，较大的生活节余款以及个人积累款的存储。它的起存金额低，多存不限，一般来说，人民币

50 元起存，整存整取的利率较高，利率大小与期限长短成正比。存期上也有多种选择：人民币的存期分别为 3 个月、6 个月、1 年、2 年、3 年和 5 年；外币的存期分别为 1 个月、3 个月、6 个月、1 年、2 年。到期凭存款凭证支取本息，储户还可以根据本人意愿在办理定期存款时约定到期自动转存。当家庭在需要资金周转而整存整取存款未到期时，可部分提前支取一次，但提前支取部分将按支取当日挂牌活期存款利率计息。

2）零存整取。零存整取是一种事先约定金额，逐月按约定金额存入，到期支取本息的定期储蓄，是银行为适应储户将零星小额节余款积零成整的需要而设置的储蓄方式。零存整取定期储蓄为每月固定存款，存期分 1 年，3 年和 5 年，存款金额由储户自定，一般 5 元起存，由银行发给存折（银行卡），每月记存一次，中途如有漏存，应在次月补齐，到期凭存折支取本息。未补齐者则视同违约，违约后将不再接受家庭续存及补存，到期支取时按实存金额和实际存期计息。零存整取定期储蓄由于需要月月存储，对储户具有强制储蓄的约束力；而到期后积零成整的大笔存款既可以解决特定用途的需要，又能转存为整存整取定期储蓄，获得更高的利率。

3）存本取息。存本取息是指约定存期，整笔存入，分次取息，到期还本的储蓄方式。这种储蓄方式比较适合于有款项在一定时期内不需动用，只需定期支取利息以作生活零用的家庭。一般是 5 000 元起存，存期分为 1 年、3 年和 5 年，由储蓄机构发给存款凭证，到期一次支取本金，利息分期支取，具体支取时间由储户和储蓄机构协商确定，1 个月或几个月均可。不得提前支取利息，如到取息日而未取息，以后可随时取息，但不计算复息，到期支取本金。如果储户需要提前支取本金，则要按定期存款提前支取的规定计算存期内利息，利息按取款当日银行挂牌公告的活期储蓄的利率计息，存期内已支取的定期储蓄利息要一次性从本息中扣回。

4）整存零取。整存零取是指本金一次性存入，分期平均支取本金，到期支取利息的定期储蓄。适合那些有整笔较大款项收入且需要在一定时期内分期陆续支取使用的家庭。人民币 1 000 元起存，存期分为 1 年、3 年和 5 年，由储蓄机构发给存折（银行卡），凭存折（银行卡）分期支取本金，支取期分为1个月、3个月和半年一次，由储户与储蓄机构协商确定，利息于期满结清时支取。整存零取不得部分提前支取，利息在期满结清时支取。

（3）定活两便储蓄　这种储蓄是一种事先不约定存期，一次性存入，一次性支取的储蓄存款。定活两便储蓄适合那些存款数额较大，又需要频繁支出的储户。定活两便储蓄的特点是既有活期之便，又有定期之利，利息按实际存期长短计算，存期越长，利率越高。它的起存金额低，人民币50元即可起存。存期低于整存整取最低档次（不满3个月）的，按活期利率计息；存期超过3个月以上不满半年的，按3个月整存整取利率六折计息；存期超过半年以上不满1年的，按半年整存整取利率六折计息；存期超过1年（含1年）的，一律按1年期整存整取利率六折计息。

（4）个人通知存款　这是一种不约定存期，支取时需提前通知银行，约定支取日期和金额方能支取的存款。个人通知存款适用于拥有大额款项，在短期内需支取该款项的家庭，或需要分期多次支取的家庭，或短期内不确定取款日期的家庭。个人通知存款不论实际存期多长，按存款人提前通知的期限长短划分为1天通知存款和7天通知存款两个品种。1天通知存款必须提前1天通知约定支取存款，7天通知存款则必须提前7天通知约定支取存款。通知存款的币种为人民币。本金一次存入，可一次或分次支取。个人通知存款利率收益较活期存款高，是大额资金管理的好方式，开户及取款起点较高：人民币通知存款开户起存金额5万元；最低支取金额为5万元。

（5）个人支票储蓄存款　这种存款是以活期储蓄存款作保证，以支票作支付凭证，办理支现和转账结算，集储蓄与消费于一体的存款。家庭凭有效身份证件开户；与储蓄机构签订“个人使用支票协议书”后购买支票；凭支票取现或转账。存款期限同活期储蓄，账户余额不得低于所签发支票总额。此种存款方便，支付安全快捷，尤其适合农村个体工商户。

（6）教育储蓄　教育储蓄是指个人为其子女接受非义务教育（指九年义务教育之外的全日制高中（中专）、大专和大学本科、硕士和博士研究生）积蓄资金，每月固定存额，到期支取本息的一种定期储蓄。教育储蓄是较为特殊的零存整取的定期储蓄存款，具有存期灵活、总额控制、利率优惠、定向使用的特点。适合积零成整，满足中低收入家庭每月固定小额存储，积蓄资金，能解决子女非义务教育支出的小额资金需求。

最低起存金额为50元，本金合计最高限额为2万元。存期分为1年、3年和6年。1年期、3年期教育储蓄按开户日同期同档次整存整取定期储蓄存款利率计息；6年期按开户日5年期整存整取定期储蓄存款利率计息。教育储蓄在存期内遇利率调整，仍按开户日利率计息。

开户时，须凭客户本人（学生）户口簿或居民身份证到储蓄机构以储户本人的姓名开立存款账户，储蓄机构根据储户提供的上述证明，登记证件名称及号码，开户对象为在校小学四年级（含四年级）以上学生。开户时储户须与储蓄机构约定每次固定存入的金额，分次存入，中途如有漏存，应在次月补齐，未补存者按零存整取定期储蓄存款的有关规定办理。到期支取时，储户凭存折、身份证和户口簿（户籍证明）和学校提供的正在接受非义务教育的学生身份证明，一次支取本金和利息。教育储蓄提前支取时必须全额支取，储户能提供“证明”的，按实际存期和开户日同期同档次整存整取定期储蓄存款利率计付利息；否则，按活期计息。

延伸阅读

三类理财产品价值凸显

央行准许金融机构上浮存款利率，意味着我国的利率市场化正式迈出了第一步。今后，哪家银行的利率更高，储户在存款时可以“货比三家”。为了争夺储户，今后银行也将会付出更高的利息代价，这将在很大程度上改变我国银行业的高利差现状。与此同时，利息的变化也将为老百姓投资理财产品带来新的思考。

央行自2012年6月8日起下调金融机构人民币存贷款基准利率0.25个百分点，将金融机构存款利率浮动区间的上限调整为基准利率的1.1倍，将金融机构贷款利率浮动区间的下限调整为基准利率的0.8倍。降息后，一年期存款利率由3.5%

下调0.25%后为3.25%，但如果银行给出上浮1.1倍的利率，则存款利息变为3.575%，比原来的3.5%还高0.075%。

据了解，目前许多银行都在存款基准利率基础上有所上浮。其中中国工商银行、中国农业银行、中国银行、中国建设银行等大型国有银行皆在规定区间内上浮1.08倍，维持原有3.5%利率不变。花旗、汇丰、招商等银行紧跟其后上调了存款利率，执行1年期整存整取存款利率3.5%的标准。兴业银行、南京银行、青岛银行等多家地方性商业银行则上浮1.1倍，达到3.575%。

如此算下来，按降息后最新1年期存款基准利率3.25%计，10万元应得利息3 250元，如果按照最高上浮1.1倍计，则是3 575元，两者相差325元。

对此，中央财经大学金融学院教授郭田勇在微博上谈到，此次降息，虽是存、贷款利率同步下调，但银行实际利差在收窄，因此实质上是非对称降息；由于存、贷款利率浮动空间增大，此次降息也意味着利率市场化又迈出了一步。

不同的存款利率可供选择，不仅可以让老百姓在存款的时候“货比三家”，还可以为老百姓在投资理财产品时，带来新的思考。有业内人士便指出，在本次央行降息之后，有三类低风险产品投资价值将增大，分别是1年期银行理财产品、固定收益类信托产品、分级基金A类（低风险）份额。

3. 特色储蓄品种

除了一般储蓄业务外，银行还设计了一些适合家庭理财的特色储蓄，包括定额定期双定存单、定活通、定期存款自动转存与约定转存、绿色存款、礼仪存单或礼仪存折、喜庆存单、金条、基金当利息、旅行储蓄、四方钱等品种。

（1）定额定期双定存单　这是部分地区邮政储蓄推出的存款金额固定、

存期固定的可以当礼品赠送的存单，这种储蓄实现在存单上印有存款金额，面额分50元、100元、200元、500元四种，期限1年，存单上不记名，不留印鉴，不受理挂失，到期凭存单支取本息。可以在同一市县辖区内的邮政储蓄网点通存通兑，可以过期支取，也可以提前支取，一次取清，不能提前支取。利率和计算方法与整存整取定期储蓄相同。

（2）定活通　一些银行自动每月将储户活期账户的闲置资金转为定期存款，当活期账户因刷卡消费或转账取现资金不足时，定期存款将自动转为活期存款。该项服务为储户省却了经常管理账户的麻烦，而且实现了现金的高效管理，满足定期存款收益与活期存款便利的双重需要。但各银行对定活通的约定有所区别。

例如，郭女士是某大型农村金融机构的中层领导，同时又是家庭财务主管。过去由于工作繁忙，没有时间打理工资账户，每半年才会集中将工资转为定期存款，因此大量的资金都闲置在活期账户中。现在，通过办理中国工商银行的“定活通存款计划”，银行计算机系统将在每月固定日期检查郭女士的工资账户，当工资账户资金超出指定金额时，系统自动将超出金额转存为定期存款。当郭女士因为消费或取现而卡上余额不足时，定期存款将自动转为活期存款，避免活期账户余额不足的尴尬。

（3）定期存款自动转存与约定转存　定期存款自动转存即客户存款到期后，客户如不前往银行办理转存手续，银行可自动将到期的存款本息按相同存期一并转存，不受次数限制，续存期利息按前期到期日利率计算。续存后如不足一个存期客户要求支取存款，续存期间按支取日的活期利率计算该期利息。自动转存业务是银行吸引储户的一种新举措，它一方面增加了储户的利息收入、方便了储户，另一方面也为银行带来了比较稳定的存款。如光大银行的“阳光加息宝”可以为存款人自动进行定期存款的转存。

约定转存是指银行接受储户的委托，在储户委托的转账日期按照约定的转存金额和转账方式进行账务转存。常见的方式为：甲乙活期账户对转、活期账户转整存整取账户、活期账户转零存整取账户等。如华夏银行目前有“约定转存”和“稳盈七天利”这两种活期自动转定期的理财产品。据了解，“约定转存”业务在卡内最低余额和最低转存额方面均无过高限制，客户可以根据实际情况进行自行设定。

“约定转存”和“自动转存”的区别在于：约定转存有期限选择，而自动转存则是依照原定存期不限期转存下去；约定转存的存单如果支取日不是存单对应的当天则视同提前支取，需要提供身份证件，而自动转存视同到期支取，不用提供身份证明；至于自动转存次数的限制，各家银行规定不一样。

（4）绿色存款 为保护环境，提高公众的环境保护意识，促进中国环境保护的可持续发展，本着“保护环境公众参与”和“取之于民用之于民”的原则，中国银行与中华环境保护基金会于2003年11月23日共同启动了“绿色心益通”储蓄捐款活动。由中国银行开办客户委托业务，根据客户的意愿，代客户把现金或储蓄存款利息捐赠给中华环境保护基金会，为众多关心环保、热爱公益事业的各界人士提供一条表达爱心的捐赠渠道。捐赠款项主要用于资助当地的环境生态建设、资助西部环境生态工程建设、建设城市生态主题公园和环境保护宣传教育等方面。

（5）礼仪存单或礼仪存折 中国银行礼仪存单系列产品，是在传统人民币定期存单基础上，为满足客户送礼、收藏等需求推出的特色定期储蓄产品。礼仪存单票面印制精美，目前分为人民币整存整取和定活两便两种。礼仪存折产品是中国银行推出的另一款贺岁存款产品，它相比礼仪存单具有可办理多种个人存款产品、多笔交易、便于保管等特点，可进一步满足不同客户的多样化需求。

（6）喜庆存单 “喜庆存单”是交通银行专门对原有的定活两便存单进行了新的版面设计，突出喜庆祥和氛围的一种定活两便储蓄存款。采用实名制，存取挂失等手续和一般的银行定期存款基本一样，但它的特别之处可以像活期存款一样随时支取，如果存期高于3个月，客户还可以获得高于活期存款利率的收益，用它送礼还附带利息。

（7）金条、基金当利息 同样是存银行，获得的利息收益不是到期支付的现金，而是银行预先支付给你的金条或是货币基金，在保证本金的同时，作为“利息”的金条和货币基金也可以钱生钱、利生利，计算下来，这种特色存款的收益对于存款人来说确有优势可言。“基抵利”和“金抵利”的存款方式，在保障本金安全的同时，还可以获得基金和黄金上涨带来的收益。

（8）旅行储蓄　“旅行储蓄”是在普通储蓄业务的基础上，为存款人增加了一系列的旅行便利服务，比如保险服务、机票特价、酒店订房折扣等优惠。实质上是将定期存款与旅行保险、旅行增值服务等捆绑在一起，存款人在获得相同存款收益的同时，旅行保险的保费、增值服务等统统由银行来买单。对于经常有旅行需求的商旅人士来说，存款于这样的产品倒不失为“一举两得”。

（9）四方钱　“四方钱”是银行为满足客户资金存储需求和存款隐私需求，为客户提供一个完全专享、私密的储蓄空间。而“四方钱”的谐音有“私房钱”之意，“四方钱”存款人家属拿着存款人的卡、身份证且知道密码，也无法查询，它不能在柜员机、POS机、短信、电话银行以及一般的网点柜台查询或存取款。

要想查询和存取，必须通过网上银行或本人到相关营业网点，出示本人有效身份证件，并输入正确密码后，方能在授权的银行工作人员协助下，查询和办理存取款业务。

（二）农村现金规划的融资工具

1. 信用卡融资

（1）信用卡简介　信用卡是银行或其他发卡机构向社会公开发行的、给予持卡人一定的信用额度，持卡人可在信用额度内先消费后还款，并可在中国境内指定的商家购物和消费，或指定银行机构存取现金，以人民币结算的特制卡片。其形式是一张正面印有发卡银行名称、有效期、号码、持卡人姓名等内容，背面有磁条、签名条的卡片。信用卡实质上是一种消费贷款，它提供一个有明确信用额度的循环信贷账户，借款人可以

使用部分或全部额度。偿还借款时也可以全额还款或部分还款，一旦已经使用的额度得到偿还，则该信用额度又可以重新恢复使用。住房消费信贷、汽车消费信贷、信用卡消费信贷是我国消费信贷的三大主要形式。

（2）信用卡的功能

1）符合条件的免息透支。信用卡可以透支一定的消费金额，享受一定的免息还款期，持卡人可以在免息还款期内一次还款，也可以免息分期还款，这种循环信用让持卡人资金周转更加灵活。免息还款期是银行记账日至发卡银行规定的到期还款日之间的期间，目前银行的免息还款期在25~56天，若持卡人在到期日一次性全额还款即可享受免息待遇，无须支付任何利息。一般免息还款期由三个因素决定：家庭刷卡消费日（记账日）、银行对账单日（账单日）、银行指定还款日（还款日），要会利用这三个日期，尽量延长免息期，享受免息贷款带来的时间价值。

但是，并不是所有的透支额都是免息的，发卡银行对信用卡持卡人未偿还最低还款额和超信用额度用卡的行为，分别按最低还款额未还部分收取5%滞纳金，或超过信用额度部分收取的5%超限费。发卡银行规定的最低还款金额，一般为累计未还消费交易款项及所有与该交易相关的利息、费用和收费的10%，取现及与取现相关的所有的利息、费用和收费的100%，以及上期账单最低还款额未还部分总和。

如何最大化免息还款期　经典案例

张先生申请了银行的信用卡。按银行规定，每月1日为账单日，25日为还款日，则该银行为家庭提供了最长为56天的免息优惠。如张先生在4月2日消费1 000元，那么这笔消费在5月1日的账单中才出现，5月25日才需要偿还这部分透支额，享受到了54天的免息期，这54天中相当于免费占用银行资金，得到了一笔无息贷款。但如果张先生在3月31日消费了这1 000元，那么这笔消费会出现在4月1日的账单中，于是4月25日就需要偿还这笔贷款，享受到25天的免息待遇。由此可见，同样的消费只要把握好消费时间即可延迟一倍的免息还款期，为家庭带来隐性的收益。

怎样才能最大化免息期呢？这与记账日、账单日、还款日三个日期有密切的关系。一般建议，信用卡消费尽量在账单日第二天，这样越接近账单日，越能最大化延长信用卡的免息还款期限，享受信用卡带来的货币时间价值。

关于超限费 经典案例

姜女士近日收到银行对账单，其中有“超限费34元”，姜女士的信用额度为10 000元，上月由于购买了笔记本电脑超出了10 000元的信用额度，消费金额10 680元。姜女士很不解：信用卡也会刷爆？另外，34元的超限费如何计算出来的？

一般情况下，持卡人只能在规定的信用额度内透支消费，但有些银行在核准的信用额度外，不用家庭申请，还会给予家庭一定比例的上浮信用额度，持卡人在浮动信用额度内可继续刷卡，银行也不会给予提醒。中国银行、民生银行、广发银行、中国建设银行等都提供了信用额度上浮的功能。对于超出信用额度的消费金额，银行会按一定比例收取超限费用，通常为超额部分的5%。姜女士的信用额度为10 000元，银行默认提供1 000元（10 000×10%）的浮动信用额度，她上个月的消费金额共计10 680元，透支680元，透支部分需缴纳5%的超限费34元。

2）免息分期付款。免息分期付款是指信用卡持卡人，在一次性进行大额消费的时候，对于该笔消费金额则可以平均分解成若干期数（月份）来进行偿还，而且不用支付任何额外的利息，手续同普通刷卡消费一样简便快捷。分期付款最大的特点就是没有利息费用，只需要缴纳手续费。这种方式较为适合连续多次刷卡、累计刷卡金额较高的刷卡消费。

从信用卡分期付款的商品来看，种类越来越多，产品越来越丰富。由最初的电器、笔记本电脑等大件商品，发展到手机、mp3 等时尚的“小件”商品，一般情况下信用卡分期付款的价格会高于市场一次性付款的价格。比如你用信用卡买了个 2 400 元的手机，用 1 年分期付款，那么每个月商家都会从你信用卡上扣除 200 元。分期还款一般对金额较大、较长一段时间内无法一次性还款的持卡人较为有利，可以防止利滚利的情况发生。

3）高透支额度调高临时额度。当持卡人因出国旅游、装潢新居、结婚、子女留学等情况在一定时间内的消费需要超出信用额度时，需要使用较高信用额度时，可以提前进行电话申请调高临时信用额度，最高可达 5 万元的信用额度。调高的临时信用额度一般在 30 天内有效，到期后信用额度将自动恢复为原来的额度。当持卡人遇到较高额的临时支出时，申请临时调高额度后，可充分利用信用卡最长 50 天的免息还款期来节省利息费用。

延伸阅读

信用卡临时额度小心使用！

信用卡可以临时申请提高透支额度，这是很多用卡族都知道的事情，但是也许你不知道的是，即使持卡人不申请，到了节日期间，你的信用卡额度也可能会“被提高”。

市民陈小姐就遇到了这样的事情，春节前，陈小姐突然接到银行的短信，内容是她的信用卡透支额度已临时从 8 000 元调高到了 10 000 元。面对突如其来的“惊喜”，陈小姐却是有点莫名其妙，于是她拨打银行客服电话进行了咨询，客服人员告诉她，她的信用记录比较好，属于优质家庭，所以银行就在节日期间自动上调了她的透支额度。

据记者了解，春节前，信用卡额度“被提高”的持卡人还有不少，每当到了像春节、国庆这些重大节日时，银行自动上调信用卡额度，已是业内的“潜规则”。一般这种“临时额度”可上调20% ~50%，优质家庭甚至可以在原有额度的基础上至少提升5倍。

“临时额度”须一次性还清。从某种意义上来说，银行在节日期间上调信用卡透支额度，确实能更好地帮助持卡人“喜刷刷”，但是，由于不少人不懂得“临时额度”的使用规定，所以也很容易导致一些问题。比如，很多人在刷信用卡购买了大额商品之后，都喜欢分期付款，然而，“临时额度”是不能刷分期的，必须在还款日前一次还清。“如果持卡人的信用额度为1万元，临时提高额度到2万元，当月消费了1.5万元，那么，下个月的最低还款额就是1万元的10%加临时额度5 000元，合计6 000元。如果持卡人的还款额低于6000元，则需要支付利息和滞纳金等。”市区一名银行人士这样告诉记者。

因此，在上调临时额度后，持卡人一定要记得自己当月刷卡消费多少，如果使用了临时额度，必须在还款日之前一次性全部还清。使用“临时额度”，还需注意一个问题，那就是：一定要在有效期内使用，否则就可能会被收取高额的“超限费”。

4）预借现金。预借现金（取现）服务是银行为持卡人提供的小额现金借款，满足持卡人的应急之需。一旦有现金紧急需要，持卡人可持信用卡在自动柜员机24小时自由取现。预借现金额度包含在信用卡的信用额度内，具体规定各发卡行不同。根据规定，每卡每日取现金额累计不超过人民币2 000元。而且预借现金时需要注意借款的手续费和产生的借款利息。一般发卡行规定，持卡人以信用卡办理预借现金时，须承担按每笔预借现金金额的3%计算的手续费，最低收费额为每笔30元人民币。

预借现金交易不享受免息还款期待遇，自银行记账日起按日利率万分之五计收利息至清偿日止。银行记账日为此笔预借现金交易发生日，发卡行按月计收复利。由于利率较高，一般情况下，不建议使用信用卡预借现金。

信用卡买基金投资盈利未高过18%不划算 经典案例

乌鲁木齐市民韩兴最近手头比较紧，但又想认购一只基金，他打算将信用卡上的10 000元透支额度取出。“我知道这要付一定的费用，但究竟要付多少不是很清楚。”韩兴说，不知道到时赚的钱能不能抵消这些费用。

对于像韩兴一样透支信用卡投资的情况，银行人士并不认同，因为信用卡提取现金，要收提现手续费及利息。交通银行的工作人员告诉记者，信用卡取现成本包括手续费+利息。目前银行信用卡提现费用分成两部分：一是提现金额1%～3%的手续费；二是提现金额万分之五的日透支利息。折合为年利息则高达18%，相当于贷款基准利率的3倍左右。

5）循环信用。循环信用是一种按日计息的小额、无担保贷款。当持卡人偿还的金额低于本期应还款金额时，剩余的延后还款的金额就是循环信用余额，循环信用是要支付利息的，日息按万分之五来算。循环信用实际上是一种短期、高利息的银行借贷，无须担保品，可随借随还。在手头可运用的现金有限的情况下，可以考虑运用循环信用支付消费款项，而将现金用于投资，当然，投资前必须审慎地评估投资报酬率是否高于循环信用利率。

循环信息不免息 经典案例

张先生的账单日为每月5日，到期还款日为每月23日。4月5日银行为张先生打印的本期账单包括了他从3月5日至4月5日之间的所有交易账目；本月账单里张先生仅有一笔消费——3月30日，消费金额为人民币1 000

元；张先生的本期账单列示“本期应还金额”为人民币1 000元，“最低还款额”为100元。不同的还款情况下：若张先生于4月23日前全额还款1 000元，则在5月5日的对账单中循环利息为0。若张先生于4月23日前只偿还最低还款额100元，则5月5日的对账单的循环利息为17.4元。

6）支出记录与分析。了解自己收入、支出的基本情况是理财的前提条件。银行每月提供的信用卡对账单逐笔列出消费的日期、商店、物品及金额，累积一段时期后，加以整理、分析，即可对自身消费的基本情况有一个大概的认识。

7）建立信用。首先，持卡人必须有良好的信用记录，银行才核发信用卡。而持卡后使用信用卡消费的情况及还款记录，都将成为日后银行评估客户信用等级的重要参考。如果客户建立良好的信用记录，未来向银行申办贷款时，可以享受较大的优惠或简便的手续。

少还1元钱损失20万元　小心小额欠款“黑名单” 经典案例

小游大学刚毕业在某事业单位工作没几年，办了六七家银行的信用卡。几个卡同时在身的小游对如何管理这些卡并没那么在意。最近，小游想贷款20万元买车，到某大型银行进行贷款咨询时才被银行告知，其已在两年内有4次信用不良记录，加上小游月薪不高，被列入信用不佳的黑名单中，银行拒绝为其发放贷款，贷款20万元就此成为泡影。

小游到中国人民银行广州支行查询自己的信用记录后才发现，其中一笔信用不良记录是：应还801元，有1元逾期不还。小游倍感委屈："我只是记得大概要还800元，就还了800元，没想到剩下1元没还竟然成了信用不良记录。"

中国人民银行广州营管部人士透露，任何银行发放贷款时，都会通过个人征信系统查询个人的信用记录，一旦发现一年有6期逾期不还贷款或者连续有三个月没有及时归还贷款的情况，银行都认定为信用不好，从而拒绝发放贷款，即使发放贷款，贷款利率都会提高30%左右。该人士表示，目前广州市办理信用卡的市民超过100万人，但是，因为办理信用卡后没有及时缴纳年费，有一成左右市民已经被银行列入贷款黑名单中，即有10万人已经被列入"黑名单"。

（3）信用卡还款方式

信用卡还款方式简表

还款方式	还款特点	操作提示
柜台还款	准确填写信用卡卡号，即可实时到账，无手续费	银行一般接受他人代还和无卡还款
约定自动还款	到期自动还款，不必担心由于遗忘带来的利息与滞纳金	留意用于还款的活期账户的余额，以免由于余额不足导致自动还款失败
网上银行转账还款	与借记卡关联扣款	一般要求事先开通借记卡（储蓄账户）及信用卡网上银行功能，并将两卡进行关联
网上跨行转账还款	需要一定手续费	可用于还款或接受转账的银行卡种类视发卡银行规定而定

续表

还款方式	还款特点	操作提示
电话银行还款		事先开通电话银行功能，并将其与信用卡进行关联
ATM 机转账还款	转账划入的款项并非即时到账	建议在还款日之前 2 ~ 3 天进行还款，以免造成不必要的透支利息与滞纳金支出

（4）注意事项　当持卡人临时有较高额度的支出，或短期的资金需求时，信用卡是一种很便利的资金调度工具，取得资金方便快捷，而且还可以获取资金的时间价值。尽管信用卡使用起来很方便，但它也有手续费高、利息高、有年费、容易造成过度消费等弊端。

因此，消费者在使用信用卡进行消费时需要注意以下方面：尽量延长免息还款期；超额透支不能享受免息还款待遇，尽量不透支；部分偿还不能享受免息待遇，尽量全额偿还；信用卡提现利率高，尽量少提现；信用卡存钱无利息，不要将信用卡当存折用；按时缴纳年费，否则视为透支提现计息；可用小额信贷置换信用卡债务负担。

2. 其他银行融资方式

银行贷款是目前农户融资的重要渠道，商业银行推出的个人贷款服务里比较适合个人或家庭的通常有凭证式国债质押贷款、存单质押贷款等，农业贷款主体包括中国农业银行、地方性农村商业银行、农村合作银行、农村信用合作社、村镇银行、小额信贷公司、资金互助社、合作基金会等农村金融

机构。从商业银行取得贷款，是最可靠、获得资金最多的一种，贷款手续较为简便。而且银行强大的资金实力、良好的服务、方便快捷的结算方式、众多的网点也是其优势。银行贷款对于个人来说并不容易，因此，如果预测有这方面的需求，手中需要保留一些银行存单、国债等硬货，作为质押担保更加容易取得银行的贷款。

3. 保单质押融资

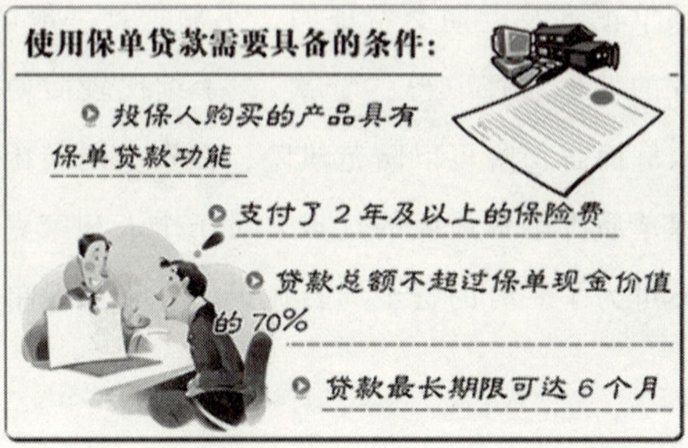

保单质押贷款是以保单作为质押物，按照保单现金价值的一定比例获得短期资金的一种融资方式。目前，我国存在两种情况：一种是投保人把保单直接质押给保险公司，直接从保险公司取得贷款，如果借款人到期不能履行债务，当贷款本息达到退保金额时，保险公司终止其保险合同效力；另一种是投保人将保单质押给银行，由银行支付贷款给借款人，当借款人不能到期履行债务时，银行可依据合同凭保单由保险公司偿还贷款本息。

然而，并不是所有的保单都可以质押，质押保单本身必须具有现金价值。医疗保险、意外伤害保险合同、财产保险合同都属于损失补偿性合同，不能作为质押物；而具有储蓄功能的养老保险、投资分红型保险及年金保险等人寿保险合同，此类合同只要投保人缴纳保费超过1年，保单就开始具有现金价值，缴费时间越长，累积的现金价值也越高。在缴纳保费满两年且保单生效满两年能够申请贷款。

保单质押贷款的期限和贷款额度有限制。保单质押贷款的期限较短，一般不超过6个月。最高贷款余额不超过保单现金价值的一定比例，各个保险公司对这个比例有不同的规定，一般在70%左右；银行则要求相对宽松，贷款额度可达到保单价值的90%，期满后贷款一定要及时归还，一旦借款本息超过保单现金价值，保单将永久失效。目前保单贷款的利率参考法定贷款的利率，同时，保险公司和银行根据自身的情况，具体确定自己的贷款利率。银行目前一般只受理经由其售卖的保单。以死亡为给付保险金条件的合同所签发的保险单，未经被保险人书面同意，不得转让或者质押。

进行保单质押时，借款者需携带本市常住户口或居住住所证明，身份证原件及复印件，保单正本及近期交费证明，小额贷款一般两三天即可完成。符合保险公司条件的保单质押取得“贷款”，手续比较简便，贷款速度比较快。对于个人或家庭而言保险可以防范风险；在资金周转困难时，质押保单可以融资。这是保单质押融资最大的优点。对于个人和家庭来说，投保人寿保险非常重要，不可为了一时的资金周转而退保，采用保单质押的方式照样可以周转资金。

4. 典当融资

典当是指当户将其动产、不动产、财产权利作为当物抵押给典当行，交付一定比例费用，取得当金，并在约定期限内支付当金利息、偿还当金、赎回当物的行为。

办理出当与赎当，当户均应当出具本人的有效身份证件。当户为单位的，经办人员应当出具单位证明和经办人的有效身份证件；委托典当中，被委托人应当出具典当委托书、本人和委托人的有效身份证件。出当时，当户应当如实向典当行提供当物的来源及相关证明材料。赎当时，当户应当出示当票。当物的估价金额及当金数额应当由双方协商确定或委托有资质的房地产价格评估机构进行评估，估价金额可以作为确定当金数额的参考。

典当期限由双方约定，最长不得超过6个月。典当当金利率按中国人民银行公布的银行机构6个月期法定贷款利率及典当期限折算后执行。当期不足5日的，按5日收取有关费用。典当期内或典当期限届满后5日内，经双方同意可以续当，续当一次的期限最长为6个月。逾期不赎当也不续当的，为绝当。

典当行应当按照下列规定处理绝当品：①当物估价金额在3万元以上

的，可以按照《中华人民共和国担保法》的有关规定处理，也可以双方事先约定绝当后由典当行委托拍卖行公开拍卖。拍卖收入在扣除拍卖费用及当金本息后，剩余部分应当退还当户，不足部分向当户追索。②绝当物估价金额不足3万元的，典当行可以自行变卖或者折价处理，损益自负。③对国家限制流通的绝当物，应当根据有关法律、法规，报有关管理部门批准后处理或者交售指定单位。④典当行在营业场所以外设立绝当物品销售点应当报省级商务主管部门备案，并自觉接受当地商务部门监督检查。⑤典当行处分绝当物品中的上市公司股份应当取得当户的同意，典当行不得自行变卖、折价处理或者委托拍卖行公开拍卖该上市公司股份。

可以典当的动产、不动产包括以下几种：

（1）汽车典当　汽车典当需要“四证齐全”，即行车证、完税证、机车登记证、养路费已交凭证，附带保险单。典当行会根据车辆的使用年限、车况、外观、发动机状况进行评估。在赎回时，车主支付的费用在当金基础上加上利息等其他综合费用；如果是租用停车场的，还需按天收取停车费用。对汽车典当期限，目前各典当行没有明确的限制。

（2）房产典当　一般两证齐全的房产的放贷额度在50%以下，同时个人进行房产典当时，房产所有人都要到场，当户还必须提供有第二住所的证明。个人房产典当时需要先向典当行提出申请，出示房地产产权证或取得房地产的证明材料（购房合同、购房发票、契税完税凭证等）、身份证、户口簿等。等典当行受理此项典当业务后，房产所有方与承典人确定当期、当金、利息和综合费用等，并开具当票、支付当金，等典当期满后，双方可协商是续当、赎当还是绝当，如赎当就需要办理还款结算，绝当的话，典当房产可被拍卖。

（3）股票典当　股票典当时需要先带上自己所持有股票的详细资料到典当行与有关业务人员进行洽谈，双方达成一致后，投资者要带上身份证、股票账户卡、股票交割单到典当行办理有关手续、签订贷款合同，然后将股票等有价证券转至典当行指定的证券营业部，典当行将向投资者的账户中打入贷款金额。资金两个工作日以内到账。贷款合同的期限比较灵活，可视投资者的具体情况确定为1～6个月。一般来说，典当行对蓝筹股、大盘股和指标股有所偏好。

与银行对借款人的资信条件近乎苛刻的要求相比，典当行对客户的信用要求几乎为零，而且一般商业银行只做不动产抵押，而典当行则可以动产与不动产抵押两者兼为；到典当行典当物品的起点低，典当行更注重对个人客户和中小企业服务；与银行贷款手续繁杂、审批周期长相比，典当贷款手续十分简便，大多立等可取，即使是不动产抵押，也比银行要便捷许多。但是，典当贷款利息、手续费相对其他融资方式都要高，而且贷款规模小。

小额度的周转资金，可以直接到典当行办理，快捷方便。但典当的综合费用和利息之和，大大超过银行申请同期贷款的支出。所以，典当质押贷款只适合于短期、临时的融资，对于长期的借贷是不划算的。

如何制定家庭现金规划　经典案例

闵先生与闵太太均33岁，闵先生在一家农产品销售企业做技术员，每月税前工资5 000元，需支付10%的三险一金；闵太太在一家农产品超市做会计，每月税前工资4 000元，需缴纳15%的三险一金；二人有一个2岁的儿子小刚。2008年5月二人首付50万，采用组合贷款方式购买了房屋一套，购买当月开始还款，其中40万采用等额本息公积金贷款法，贷款利率4.3%，60万采用等额本息的商业贷款，贷款利率为6.1%，贷款期限都是30年。

闵先生家庭每月生活支出1 500元，孩子的营养和生活费每月500元，闵太太每年购买衣服和化妆保养品花费1万元，闵先生酷爱旅游，每年需要花费8 000元；闵先生家庭目前有活期存款10万元，定期存款20万元，2007年闵先生在朋友的鼓动下购买了20万元的股票，但在2008年被严重套牢，市值仅为10万元，此外闵太太听银行经理的推荐，购买了价值5万元的基金。夫妇二人没有任何商业保险，闵先生的家庭预期回报率为6%。请对闵先生家庭的现金等流动资产进行有效管理。注：信息采集时间为2008年12月31日；不考虑存款利息收入；月支出均为年支出的1/12；工资薪金所得税的免征额为2 000元；计算过程保留两位小数，计算结果保留到整数位。

【解析】1. 收集现金规划的有关信息，包括职业、家庭情况、收入支出情况，并编制收入支出表。

表1　资产负债表　单位：元

家庭：闵先生　　　　　　　　　　　　　　　　　　日期：2008. 12. 31

资产	金额	负债与净资产	金额
现金与现金等价物		负债	
活期存款	100 000	住房贷款（未还贷款本金）	990 930
定期存款	200 000		
其他金融资产			
股票	100 000		
基金	50 000		
实物资产		负债总计	990 930
自住房	1 500 000	净资产	959 070
资产合计	1 950 000	负债与净资产总计	1 950 000

表2　收入支出表　单位：元

家庭：闵先生　　　　　　　　　　　　　　　　　　　　日期：2008.12.31

工资收入	金额	年支出	金额
闵先生	57 000	房屋按揭还款	45 250
闵太太	46 620	日常生活支出	18 000
奖金收入		子女花费	6 000
		旅游开支	8 000
收入总计	103 620	其他	10 000
年结余	16 370	支出总计	87 250

2. 确定现金及现金等价物的额度，对家庭关于目前现金状况比率分析，将3～6倍的额度在现金规划工具中进行配置。

由于闵先生家庭正处于快速成长阶段，资产的流动性必须得到保证。目前，根据流动性比率的公式计算，闵先生家庭资产的流动性比率＝流动性资产/每月支出＝300 000/（87 250/12）≈41，闵先生家庭的流动资产达到了30万元，可以支付家庭4年以上的日常开支，相对标准值3～6倍来说，表明闵先生家庭资产流动性很高，也说明了闵先生家庭资产的流动性过度，增值能力不强。由于目前家庭没有其他大额支出，可以将流动性比率保留为4，即家庭月支出的4倍。于是，建议将现金和现金等价物额度保留为(87 250/12）×4≈30 000元，以活期存款或者货币型基金的形式持有，以确保该笔资金的流动性，其中1万活期存款可为实现家庭日常交易开支，由于家庭中有小孩，年龄较小，剩余的2万元可以意外支出保留。剩余的27万元可以用于投资股票、债券、基金等。

除此之外，因为孩子较小，夫妻双方没有任何的商业保险，建议夫妻为自己和孩子购买人身、健康、意外伤害保险，保险额度根据收入能力决定，在需要融资时可以将保单质押贷款获取资金。同时，建议双方各申请一张信用卡，分别申请1万元的信用额度，可以成为临时应急资金来源，加上前述的3万元流动资产，一旦闵先生一家有什么意外开支或困难，短期内至少可以动用5万元的现金储备，足以应付了。

第三单元
农村家庭教育规划

单元提示

· 掌握教育资金的特性、教育负担比的计算。

· 了解高等教育制度、教育费用需求量。

· 熟悉教育规划原则、教育规划资金来源、教育规划工具。

一、农村家庭教育需求分析

(一) 农村家庭教育规划的必要性

1. 自身学习和子女教育意义重大

农村家庭子女教育是一笔不小的开支。子女上学、就业、创业都需要钱。

新型职业农民创业更需要学习，有知识、有技术、懂经营、会管理……

都是学习的结果，学习对于增加收入、提升生活质量具有重要意义。

2. 教育费用

教育负担比 = 届时子女教育金费用/家庭届时税后收入 ×100%

通常情况下，如果预计教育负担比高于30%，就应尽早进行准备。另外，在运用“教育负担比”这一指标时应注意，由于学费增长率可能会高于收入增长率，所以以现在水准估计的负担比可能偏低。

如何最大化免息还款期 经典案例

王先生是一名农民，主要收入来源是与妻子在北京的打工收入，他们有一个女儿，刚刚考入某名牌大学。女儿正式入学之前，王先生计算了一下她读大学一年的费用，主要包括全年学费12 000元、住宿费3 000元、日常各项开支预计每月1 000元，以全年10个月计，共需10 000元。预计冯先生和妻子全年打工收入为80 000元。则对于冯先生家庭：

届时教育金费用 = 学费 + 住宿费 + 日常开支

= 12 000 + 3 000 + 10 000 = 25 000（元）

$$教育负担比 = \frac{届时子女教育金费用}{家庭届时税后收入} \times 100\%$$

$$= 25\ 000/80\ 000 \times 100\%$$

$$= 31.25\%$$

可见，女儿就读大学所需要的费用占家庭税后收入的31.25%，对冯先生家庭来讲尽管可以承受，但显然会影响到家庭的其他财务安排。

延伸阅读

一、买房跌出中国投资者前三大投资之列，首位转向子女教育

近期，泰达宏利基金管理有限公司和中宏人寿保险有限公司共同发布了最新的“宏利投资者意向指数”。这项在亚洲7个金融市场3 500份调查基础上编制的指数显示，亚洲投资者的投资意向正在上升。

调查发现，购买房产已经不再是中国投资者的前三大投资目的之一，这一点也与亚洲其他国家有所区别。中国投资者的首位投资目的是为子女教育储备，其次是保持生活质量和为退休做准备。

在投资方向上，调查结果显示，43%的中国投资者认为当前是进行固定收益投资的好时机，其中多数的投资者认可固定收益投资的原因是其较为稳定的市场状况。与上一季的调查结果相比，认为当前是股票投资好时机的投资者比例下降了8个百分点。泰达宏利基金公司总经理助理兼投资总监梁辉认为，“虽然A股市场已有数年调整，但结构性机会依然存在。”梁辉表示，中国经济步入了转型期，在经济高增长阶段，工业、制造业和固定资产投资是经济的主要驱动力，而在经济由顶峰下行时，工业和投资的趋势也随之往下。借鉴日韩两国经验，这个时期的股市会持续震荡，不会有明显的上升趋势。

二、中国父母养大一个孩子要花多少钱

培养一个小孩，撇开家长的时间、体力和精神成本不说，光是付出的家庭经济成本也是挺吓人的。根据我们的测算，目前养育一个孩子到他大学毕业，至少需要花费50～130万元，据了解，抚养孩子的费用中，教育、医疗和住房花钱最多，这三项支出也被一些市民称为“三座大山”。如果孩子将来还要海外留学，至少要200万元了。不少人还深有感触地说：“养个孩子等于多买一套房!”这样概算下来，相信很多人都会大吃一惊，也会有很多年轻人对养孩子心怀畏惧。但无论如何养育子女仍是大多数人必经的人生阶段，我们需要的是寻找到更好的途径帮助我们实现对子女的抚养与教育。

（二）国内高等教育费用

1. 学费

从新中国成立到1988年的数十年中，中国高等教育一直都是“免费的午餐”，直到1989年，国家开始对高等教育实行收费，其实当时的收费也只是象征性地收200元，但却是高等教育收费改革迈出的第一步。1993年，国家发布《中国教育改革和发展纲要》，提出不再区分两种计划形式，取消“统招统分”制，同时建立相应的奖学金、贷学金以及专项奖学金制度，学生上大学需自己缴纳部分培养费。1994年，全国37所重点院校试行“并轨”制改革试点。1996年，中国高校试行全面招生“并轨”。2000年，师范专业也实行了收费，标志着招生并轨改革的落幕。高校招生“并轨”改革后，毕业生首次可以在一定范围内自主择业就业，已落实就业单位的，由高校所在地的省级教育部门统一发放报到证；在规定时间内未落实就业单位的，毕业时报到证将被直接开回毕业生生源所在的县、市。上大学就有“铁饭碗”的说法不复存在。

1996年中国高等教育试行并轨招生，学费一下子涨过了2 000元，1997年全面并轨后学费一直徘徊在3 000元左右。但2 000年的收费标准猛涨，普遍在1999年的基础上提高了15%左右，有些地区高达20%，学费涨过4 000元。

目前，以北京为例，一般专业一般高校为每年4 200元左右，重点院校为5 000元；理工科专业一般高校为4 600元，重点院校为5 500元；外语、医科类专业一般高校为5 000元，重点院校为6 000元。

2. 生活费

在校学习期间，大学生一般住在学校，地域差别对消费的影响并不很大，大学生的生活费主要包括住宿费、伙食费、通信费、日用品费、交通费及其他。

延伸阅读

我的大学账单

2005 年 7 月，出生在青海的静子以优异的成绩考入重庆某高校，求学四年后顺利毕业。2010 年 1 月，刚刚参加工作的她，意外地收到了远在青海的母亲寄来的“礼物”——一本整整 50 页的账本！里面详细地记录着她大学四年的花费，名目近百种，大致归为学习类（29 010 元）、生活类（33 000 元）、考证类（4 890 元）、就业（10 000 元）、假期费用以及额外消费（34 800 元），总计 111 700 元。

静子的母亲介绍，她们一家在青海算中等收入家庭，年收入不到 30 000 元，但 2/3 的收入都用在了静子身上，她和静子的父亲则四年基本没有添置一件新衣服。而承认“自己花钱确实很厉害”的静子对自己大学生活标准的评价是：在寝室里属中等偏上。

面对这样的账本，静子被吓了一大跳，她反复翻看四年来的每一笔费用，从不曾想过父母竟然会为自己付出这么多，愧疚与感动掺杂在一起，她含泪向母亲先道了“谢谢”，又说了“对不起”！随后，她公布了这本独特的账本，希望能以此警醒学弟学妹，明白父母的不容易！

3. 奖学金制度及勤工俭学政策

我国各高校都制定了各自的奖学金制度，奖学金的发放办法、数额、发放对象各不相同。同时，为了解决贫困大学生接受高等教育问题，各高校还采取了特殊的帮扶政策，如专项奖学金、国家助学贷款、勤工助学、困难补助和减免学费等五种政策。

二、家庭教育规划的制定

（一）教育资金的来源

1. 政府教育资助

政府每年都会在财政预算中拨出一部分资金用以对符合条件的人提供教育资助。这类教育资助通常有严格的资助限制。主要包括特殊困难补助及减免学费政策、“绿色通道”政策等。

（1）特殊困难补助及减免学费政策　特殊困难补助和减免学费政策是高校资助政策的辅助性措施，这两个政策的共同特点就是无偿性资助。特殊困难补助，是各级政府和高校对经济困难学生遇到一些特殊性困难给予的临时性、一次性的无偿补助。减免学费政策是国家对部分因经济条件原因、缴纳学费有困难的学生，特别是对孤残学生、少数民族学生及烈士子女、优抚家庭子女实行的免缴学费政策。

（2）“绿色通道”政策　“绿色通道”政策是指让经济困难、无法交足学费的新生在不交学费的情况下顺利办理全部入学手续。

家长在为子女制定教育规划时应当注意：首先，应充分收集家庭及子女争取政府教育资助的相关信息；其次，由于政府拨款有很大的不确定性，子女教育规划方案应减少对这种筹资渠道的依赖，特别是在子女距离上大学时间长于5年，而家庭有稳定收入时，规划方案应首先考虑以自有资源满足子女大学教育费用。

2. 奖学金

政府的教育资助有时以奖学金方式资助，但这类奖学金所占比例相对较小，各类民间机构和组织，例如企业、公司、基金、宗教慈善团体、服务机构、学术组织等也通过学校设立种类繁多的奖学金，各类奖学金都有一定的条件，因此子女能否获得奖学金具有很大的不确定性。根据我国现行的奖学金制度，目前国家设立的奖学金包括以下三类：第一，本科、专科生奖学金。包括优秀学生奖学金、专业奖学金和定向奖学金。第二，研究生奖学金。包括研究生优秀奖学金、研究生普通奖学金。第三，国家奖学金。

下面重点介绍优秀学生奖学金和国家奖学金：

(1) 优秀学生奖学金　用于奖励全日制公办普通高校的在校期间刻苦学习、品学兼优的本、专科学生，主要目的是激励学生奋发向上，在德、智、体、美、劳等方面全面发展。优秀学生奖学金的评定比例为：一等奖学金，按本科、专科学生人数的5%评定；二等奖学金，按本科、专科学生人数的10%评定；三等奖学金按本科、专科学生人数的10%评定。有关文件规定，学校可在按规定标准和比例计算的经费总额内，适当降低一、二等奖学金的比例和标准，增加三等奖学金比例或增设单项奖。但获得一、二、三等奖学金和单项奖的人数比例应控制在本、专科学生人数的35%以内。其中，获得单项奖的应控制在本、专科学生人数的5%以内。

各个学校的奖学金数额和种类根据各学校实际情况的不同而有所不同。资金来源是按照教育部、财政部《普通高等学校本、专科学生实行奖学金制度的办法》和《普通高等学校本、专科学生实行贷款制度的办法》规定："学校可建立奖学金和学生贷款基金（简称奖贷款基金），来源是从主管部门拨给高等学校的经费中，按原助学金标准计算的80%～85%转入奖贷基金账户。"

据教育部有关部门介绍，已享受国家奖学金或国家助学金的学生，只要符合优秀学生奖学金的评审条件，是可以同时享受优秀学生奖学金的。但是，根据《国家助学奖学金管理办法》的规定，在同一学年内，享受国家奖学金的学生不再同时享受国家助学金。

（2）国家奖学金　国家奖学金是由教育部颁发给普通本科高校、高职院校与普通高等学校全日制研究生的一项奖学金。

首先，国家奖学金由中央政府出资设立，用于奖励高校全日制本专科（含高职、第二学士学位）学生（以下简称学生）中特别优秀的学生。本科、专科国家奖学金的奖励标准为每人每年 8 000 元。

中央高校国家奖学金的名额由财政部有关部门确定。地方高校国家奖学金的名额由各省（自治区、直辖市）根据财政部、教育部确定的总人数，以及高校数量、类别、办学层次、办学质量、在校本专科生人数等因素确定。在分配国家奖学金名额时，对办学水平较高的高校、以农林水地矿油核等国家需要的特殊学科专业为主的高校予以适当倾斜。

其次，中央财政出资设立研究生国家奖学金，用于奖励普通高等学校中表现优异的全日制研究生。研究生国家奖学金每年奖励 4. 5 万名在读研究生。其中，博士研究生 1 万名，硕士研究生 3. 5 万名。博士研究生国家奖学金奖励标准为每生每年 3 万元。硕士研究生国家奖学金奖励标准为每生每年 2 万元。

该类奖学金是高校中级别最高、奖励额度最大的奖学金，受到广泛关注。

3. 工读收入

子女上学期间通过假期和课余打工获得的工读收入也可作为教育费用来源。但工读收入取得的时间、金额都不容易确定，所以在做教育规划时不应将工读收入计算在内。

4. 教育贷款

教育资金的来源除了家庭自身拥有的资产收入和政府或民间机构的资助外，还包括政府为家庭贫困的学生提供的各种专门的低息贷款。教育贷款是教育费用重要的筹资渠道，我国的学生贷款政策主要包括三种贷款形式：一是学生贷款，指高校利用国家财政资金对学生办理的无息贷款；二是国家助学贷款；三是一般性商业助学贷款。

（1）国家助学贷款　国家助学贷款包括商业性银行助学贷款和财政贴息的国家助学贷款两种。商业性助学贷款是指贷款人向借款人发放的，用于借款人自己或其法定被监护人就读国内中学、普通高校及攻读硕士、博士等学位或已获批准在境外就读大学及攻读硕士、博士等学位所需学杂费用（包括出国的路费）的消费贷款；财政贴息的国家助学贷款是指贷款人向借款人发放的，由中央财政或地方财政贴息，用于借款人本人或其直系亲属、法定被监护人在国内高等学校就读全日制本、专科或研究生所需学杂费和生活费用的助学贷款。

（2）学生贷款　学生贷款是指学生所在学校为那些无力解决在校学习期间生活费的全日制本、专科在校学生提供的无息贷款。实行专业奖学金办法的高等院校或专业，不实行学生贷款制度。学生贷款审定机构应由学生管理部门、财务部门、教师和学生等方面代表组成。目前，在各高校的实际运作中，学生贷款的具体审定工作通常由学校学生处牵头负责。如果贷款的学生违约不能如期归还所借贷款，其担保人要承担全部还款责任，并缴纳一定数额的违约金。

目前各高校学生贷款实际额度一般每年在 1 000 元以上。学生偿还贷款的形式主要有五种：学生毕业前，一次或分次还清；学生毕业后，由其所在的工作单位将全部贷款一次垫还给发放贷款的部门；毕业生见习期满后，在2～5年由所在单位从其工资中逐月扣还；毕业生工作的所在单位，可视其工作情况，减免垫还的贷款；贷款学生因为触犯法律、校纪，而被学校开除学籍、勒令退学或学生自动退学的，应由家长负责归还全部贷款。

（3）商业性助学贷款　商业性助学贷款是指金融机构对正在接受非义务教育学习的学生或其直系亲属、法定监护人发放的商业性贷款，该贷款只能用于学生的学杂费、生活费以及其他与学习有关的费用。一般商业性助学贷款财政不贴息，各商业银行、城市信用社、农村信用社等金融机构均可开办。

以中国银行为例，商业助学贷款最低额度为人民币2 000元，不超过受教育人在校就读期间所需学杂费和生活费用总额的80%。贷款期限一般为1～6年，最长不超过10年。贷款利率按人民银行规定的同期限贷款利率执行。贷款期间的利率变动按人民银行的有关规定执行。担保方式可以采取抵押、质押、保证、信用四种方式。

5. 留学贷款

出国留学贷款是指银行向出国留学人员或其直系亲属或其配偶发放的，用于支付其在境外读书所需学杂费和生活费的外汇消费贷款。出国留学贷款的额度不超过国外留学学校录取通知书或其他有效入学证明上载明的报名费、一年内的学费、生活费及其他必需费用的等值人民币总和，最高不超过50万元人民币。出国留学贷款可以选择无担保抵押贷款，用于个人消费的无担保个人贷款。

（二）教育规划工具

子女从出生到接受高等教育，教育消费时间跨度长、涉及数额大，这就给子女教育规划留下了很大的空间。在确定家庭对其子女的教育需求、估算出教育费用以后，教育费用的筹集、投资工具的选择成为教育规划的一项重要内容。大体上来说，教育投资工具可分为长期教育规划工具和短期教育规划工具。

1. 短期教育规划工具

短期教育规划工具主要包括前面所介绍的教育贷款、政府贷款、留学贷款等。

2. 长期教育规划工具

家长如果尽早进行子女教育规划，所承担的经济负担和风险相对较低。因此，教育规划进行得越早越好，与其他投资规划相比，教育规划更重视长期工具的运用和管理。

(1) 教育储蓄　在第二章中，我们已经介绍了教育储蓄的基本情况，包括定义、办理手续、办理条件、计息方法、支取要求等内容。此种储蓄方式的收益比较有保证，而且由于是零存整取，大大增加了资金的流动性，比较适合为子女积累学费，培养家长的理财习惯。

教育储蓄的主要优点是无风险，收益稳定，且较活期存款相比回报较高。但是，教育储蓄也有很大的局限性。

首先，能办理教育储蓄的投资者范围比较小，只有小学四年级以上的学生才能办理教育储蓄。按银行规定，支取教育储蓄款必须开具非义务教育的入学证明，否则不能享受利率优惠和免税优待。这样就将长达 9 年的义务教育费用排除在外。

其次，规模非常小。教育储蓄的存款最高为 2 万元，因此，以现在培养一个大学生的费用来看，普通高校 4 年下来总共的费用在 4 万 ~ 8 万元，2 万元远不够。而一旦孩子有机会出国留学，这笔费用更提高到 50 万元至近百万元。单凭教育储蓄无法满足孩子教育金的准备。

最后，家长在为孩子准备教育储蓄须考虑到存款利率变动带来的风险。

如果存期太长，储户不能分享到存期过程中升息的利好。因此，教育储蓄只能作为教育金准备的一种方式，不能成为全部。

（2）教育保险　教育保险又称教育金保险、子女教育保险，是以为孩子准备教育基金为目的的保险。教育保险是储蓄性的险种，既具有强制储蓄的作用，又有一定的保障功能。教育保险相当于将短时间急需的大笔资金分散开逐年储蓄，投保年限通常最高为 18 年，所以越早投保，家庭的缴费压力越小，领取的教育金越多。反之，越晚购买，由于投资年限短，保费就越高。

教育保险的对象一般是 0（出生满 28 天且已健康出院的婴儿）至 17 周岁的少儿；有的保险公司的教育金保险所针对的对象为出生满 30 天至 14 周岁的少儿。作为少儿保险的一个特殊险种类型，教育保险从具体保险产品的保障期限来看，主要分为终身型和非终身型。非终身型教育保险一般属于真正的“专款专用”型的教育金产品。即在保险金的返还上，完全是针对少儿的教育阶段而定，通常会在孩子进入高中、大学两个重要时间节点开始每年返还资金，到孩子大学毕业或创业阶段再一次性返还一笔费用以及账户价值，以帮助孩子在每一个教育的重要阶段都能获得一笔稳定的资金支持。终身型子女教育金保险通常会考虑到一个人一生的变化，是几年一返还的，孩子小的时候可以用作教育金，年老时可以转换为养老金，分享保险公司长期经营成果，保障家庭财富的传承等。

教育保险的优势主要包括：

1）范围广泛。一般孩子只要出生60天就能投保教育保险，有的保险公司还扩展到出生仅30天的婴儿。目前的教育保险有分红型和非分红型两种保险，具有储蓄、保障、分红和投资等多项功能。教育保险不设上限，除了提供教育金，有的还将婚嫁金纳入了保险范围。

2）具有理财分红功能。能够在一定程度上抵御通货膨胀的影响，它一般分多次给付，回报期相对较长。如果保额相同，具有分红功能的教育保险保费要稍高一些。

3）强制储蓄的功能。买了保险以后，保费每个月强制缴纳，因而能够起到强制储蓄的作用，并且不可挪用。这一点对于缺乏时间弹性、费用弹性的子女教育规划是非常合适的。另外，由于教育保险具有强制储蓄的功能，因而这类保险在保费缴纳超过一定时期后保单就会具备现金价值，如果出现不时之需，可以将保单进行质押救急，但应在保单质押后的规定期限内偿还，否则保单可能失效，从而影响到教育金的支付。

4）保费豁免。所谓“保费豁免”功能就是一旦投保的家长遭受不幸，身故或者全残，保险公司将豁免所有未交保费，子女还可以继续得到保障和资助。这一条款对孩子来说非常重要。也正因如此，它与银行储蓄就有了本质的区别。

虽然如此，教育保险也不宜多买，适合孩子的需要就够了。因为保险金额越高，每年需要缴付的保费也就越多。有的保险产品的回报率是参照购买时银行存款利率设定的，一旦银行升息，这些险种的现金回报率将低于银行存款。因此，家长在选择教育保险产品的同时，还要考查产品收益是不是受银行储蓄存款利率变动的影响。总体来讲，保险产品的特点在于其保障功能，并非最有效率的资金增值手段。此外，一旦加入了保险计划，中途退出往往只能获得较低的现金价值，相对而言变现能力较低。

（3）政府债券　政府债券有两大类：一类是由中央政府发行的，称之为国家债券，它占政府债券中的绝大部分；另一类就是由地方政府发行的债券，称为地方债券。现阶段，我国两种债券都有。政府债券具有安全性高、流动性强、容易变现、可以免税的优点，政府债券的安全性和稳定性决定了其成为子女教育规划可供选择的主要投资工具之一。

（4）股票与公司债券　与政府债券、大额存单、基金等相比，股票和公司债券的收益和风险都明显高于前三者。由于子女教育时间弹性很小，基于稳健性原则，并不鼓励家长投资于该类风险过高的品种。如果教育规划时间长（一般要在7年以上），家长承受风险能力强，且对这两种投资工具有很好的驾驭能力，那么，也可以适当选用这两种投资工具。但是，在整个投资组合中，这种类型投资所占的比重不应过大。

（5）大额可转让定期存单　是指银行或银团发行的一种面额、期限都固定，可以在金融市场上转让流通的银行定期存款凭证。大额可转定期存单面额有法律的限定，不得任意变更，有固定的期限档次，同一般定期存款不一样，它不得提前支取，不分段计息，而且到期后一次还本付息，不计付逾期利息，期限为1个月、3个月、6个月、9个月和12个月。大额存单有固定面额、固定期限、可以转让、利率相对一般定期存款高的特点。大额存单的可转让性使购买存单既可得到定期存款的利息收入，又使资金保持了一定的流动性。

（6）子女教育信托　子女教育信托就是由父母委托一家专业信托机构帮忙管理自己的一笔财产，并通过合同约定这笔钱用于支付子女未来的教育和生活费用。当然，专业机构也要为自己提供的服务收取费用。由于我国目前信托业发展尚未成熟，所以这种子女教育信托业务在我国还没有开展，但随着信托业的发展，子女教育信托将在子女教育规划中发挥重要作用。

设立子女教育信托的意义在于：第一，可以通过给孩子制定相应的预定目标，只有孩子实现预定目标才能取得相应的资金，从而激励孩子努力学习工作；第二，受托人对教育金的直接管理还可以防止子女对资金的滥用，避免子女养成不良嗜好，尤其适合海外留学的青少年；第三，设立信托后，孩子在大学的生活、学习方面的开支都将与银行、信托机构等紧密联系，这样就能从小培养孩子节俭、合理规划的理财意识；第四，设立子女教育信托可以实现风险隔离，保证子女将来的学业和工作，父母没有后顾之忧；第五，专业机构的理财管理服务可以使信托财产得到最好的规划与配置，以保证子女将来的学业和生活，可谓一举两得。

（7）证券投资基金　证券投资基金是指通过公开发行基金单位的方式，集中投资者的资金，由基金托管人托管，管理人管理和运用资金，从事股票、债券等证券类产品的投资。基金投资对象的不同也决定了每种基金的风险和收益特征不同。进行基金投资时，应根据自身情况，确定适合自己的基金类型。

由于投资者往往所掌握的投资知识及精力有限，为达到获利的目的，将资金交由专人或专业机构投资于各种投资标的或工具，由专家或专业机构管理操作，比个人投资更加专业。基金投资所需要的资金少，弹性极大，随时可以买卖，资金流动性佳，变现性好。这种投资方式的优点就是投资多样化和灵活性好，可以在需要时将资金在不同的基金之间转换。

在选择投资基金的时候要注意风险的组合。货币型基金通常流动性强、无风险，没有申购和赎回的费用。因此，适合短期投资，但收益相对较低；债券型基金通常收益居中，申购和赎回费用较低，基金净值受到利率波动的影响，存在一定的风险；股票型基金风险相对较大，会受到股票市场的影响，收益最高，申购赎回费用也最高，适合定期定额的长期投资。

教育规划方案设计 经典案例

刘先生是河南林州市北刘家庄人，务农兼个体经营，儿子今年10岁，预计18岁上大学，假设学费上涨率每年为5%，目前大学四年学费需30 000元，现在李先生已经准备了10 000元作为儿子的教育启动资金，投资于收益率为8%的项目上，如果刘先生在为儿子积累教育基金时，准备投资到年收益率为7%的理财产品上，请问刘先生应如何设计教育规划方案。（案例中列出的时间点都为年末）

第一步，孩子目前10岁，还有8年上大学，投资期限较长，在教育规划工具的选择上可以考虑选择长期教育规划工具，比如教育储蓄、教育保险、政府债券、证券投资基金等工具。

第二步，现阶段，大学四年的学费为30 000元，且学费上涨率为5%，以此为基础，计算8年之后的学费总额为44 324元，也就是说，在一定的通货膨胀率下，8年之后大学的学费将会上涨到44 324元，届时刘先生需要为孩子积累的教育基金总额应为44 324元。

第三步，目前，刘先生已经为儿子积累的教育金为10 000元，投资在8%的收益率项目上，8年之后这10 000元的初始教育金将会变为18 509元。这意味着，8年之后10 000元的启动教育资金将会增值到18 509元。

第四步，教育基金的缺口现在还有44 324 - 18 509 = 25 815元。这也是刘先生需要在8年积累的资金总额度。

第五步，针对这一教育基金的缺口，刘先生还需要现在每月投资固定金额，用以弥补缺口，准备投资年收益率为7%的项目，那么每月应投入202元作为教育金的积累。

第六步，从教育规划工具上来看，教育储蓄只能享受最高

2万元的额度，这笔钱相比所需的巨额教育费用来说实在太低；投资于公司债券或股票，风险偏大，不太适合教育规划的特点。针对8年的投资期限，平均每年收益率达到7%，这个收益率合理并且可行，从目前来看能满足这个收益率的金融产品主要有股票、股票型基金、偏股型基金、部分信托产品、部分人民币理财产品、部分外汇理财产品、部分券商集合理财等。这笔资金用于子女教育，所以在考虑投资收益的同时要尽量保证投资的安全性，权衡风险与收益以及进入门槛的限制，我们建议刘先生进行定期定投，投资于一个投资组合，可以将一半资金投资于稳健型的股票型基金，另一半投资于中长期债券型基金，债券型基金的风险相对较小，但是收益也低；而稳健型的股票基金，其收益相对较高，但是波动也较大，风险相对较高。如果将资金分散投资在这两类产品上，安全性和收益性都有一定的保障。

第四单元
农村家庭保险规划

单元提示

- 了解农业保险、人身保险与财产保险的含义、分类及作用。
- 了解保险合同的保险标的、保险期限、保险责任及免除责任。
- 熟悉掌握保险费用、保险金额的计算方法和计算工具。
- 能够根据生产及家庭实际情况及需要，选择适当的保险产品。

一、农业保险的含义与作用

（一）农业风险

1. 农业风险的含义

农业风险是指人类在农业生产过程中由于遭遇灾害所导致的财产损失、人身伤亡或其他经济损失等风险损失的不确定性。这种不确定性表现在三个方面：一是风险是否发生的不确定性，二是风险何时发生的不确定性，三是风险损失程度大小的不确定性。

2. 农业风险的分类

（1）自然风险　自然风险是指不可预测的自然因素所造成的农产品产量或质量的背离，以致经营的损失，这些自然因素包括动植物的内在变异性、气候特点的不确定性和动植物生长状况的不稳定性等。自然风险是农业风险的重要特征，并且在一般国家的农业风险中都是最严重的部分，占有相当的份额。对农业影响最大的自然风险主要有四类：①气象灾害；②植物病害、虫害；③动物疫病；④地球、地壳的板块运动等。

（2）市场风险　市场风险是由农产品供求因素造成的价格背离而导致的收入波动。由于农业生产周期长，因而对市场信号反应滞后。例如，当农产品供不应求时，价格上升带来下一轮生产的增量，但农产品的生产需要一定时间，这种时滞性使得调整后的生产计划对新的市场需求可能又不适用，加之农产品是人们的基本生活必需品，需求弹性较小，市场容量有限，一旦供大于求，必然引起市场价格剧烈下跌，使农业生产者利益受到严重损害。

（3）资金风险　我国目前客观存在着农户和县乡涉农中小企业贷款难问题。这使得他们生产资金投入不足，严重影响经济收入。

（4）信誉风险　在我国，无论是农业生产，还是在农产品的加工中，常常有不能很好地履行合同的现象。主要表现为当交货时与签订合同时的产品价格出现了较大的差别，交货方就不愿意履行合同，或者实际交付的农产品不能达到合同规定的数量要求、质量要求和时间要求等。所有这些市场经营信誉上的问题，都会给相关的农业生产者或农业经营者造成长远意义上的经济损失。

（5）技术风险　包括农产品出口时的技术风险和农产品进口时的技术风险两个方面。农产品出口时的技术风险表现为我国出口的农产品往往会受到国外较高的技术壁垒的限制。这是由我国大多数农产品技术含量低、品质不高、品种结构不合理，长期以来在技术要求、技术标准方面很少考虑国际市场的需求等原因造成的。据资料显示，目前我国的农业科技进步贡献率为

40%左右，而发达国家超过80%；我国农业科技成果转化率也只有30%～40%，发达国家则已达80%左右。

3. 农业风险的可保条件

就保险的意义和基本条件而言，并不是每一风险都是可保的，有许多风险是不可保的。一个可保性的农业风险应该至少具备以下条件：第一，应该是真正的风险，其损失必须是偶然性的；第二，在数量上是可计算的；第三，不是投保人的有意行为；第四，保险成本或保险费应该在一般农民所能承担的平均水平之内，并对于所保对象来说是绝对有益的。

（二）农业保险的概念及特点

1. 农业保险的概念

农业保险的发展历史由来已久，但其概念的界定却一直没有统一。传统意义上的农业一般有广义和狭义之分，广义上的农业包括农、林、牧、副、渔等各行业，而狭义上的农业则专指粮食作物及其他农作物的生产。农业保险的概念也有广义和狭义之分。广义上的农业保险的对象包括种植业、养殖业以及从事农业生产的人员和相关财产的保险，而狭义上的农业保险则专门是针对种植业和养殖业的保险。国际上很多国家农业保险的概念一般指广义上的农业保险，而我国目前采用的是狭义农业保险的概念。

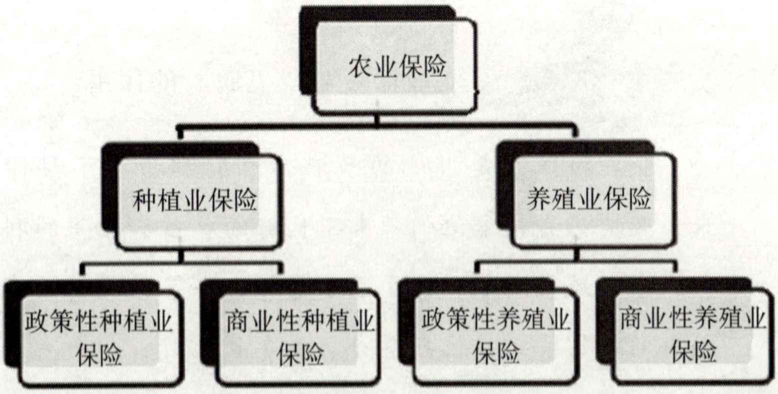

农业保险的分类结构

2. 农业保险的特点

（1）农业保险具有地域性　由于农业保险保障的是农业生产中的不确定损失，而农业生产本身具有显著的地域性，因此农业保险也具有地域性。不同地区的地理、气候条件以及农业技术水平不同，决定了农业生产和农业经济的差异性，这就促使农业保险在不同地域间应该具体制定不同的承保方式。

（2）农业保险具有连续性　农业生产的对象是动植物，动植物具有生命且会随着生长周期不断变化，所以在不同的生长和生产阶段，农业保险有不同的保险和风险管理方法。

（3）农业保险具有高成本、高风险性　农业保险保障的对象是农业生产，而影响农业生产的农业风险具有特殊的高风险性。农业是弱质产业，在农业生产的整个过程中都面临不同的风险威胁，包括自然风险、社会风险和技术风险等，这些风险的复杂程度无法预知，甚至可能发生重大灾情导致巨灾风险。

（4）农业保险的逆向选择和道德风险较严重　农业保险的道德风险是由于保险合同的一方由于缺乏诚信、违反法律法规或者不遵循正当经营规则，而导致另一方遭受到风险损失的可能性。道德风险和逆选择的产生主要是由于保险经营活动中的信息不对称造成的。

延伸阅读 农业保险对“三农”的作用

丰某和陆某是当地的果农，他们都种植了梨树。一直以来，梨树的种植给他们带来了良好的收益和颇高的利润。2013年上半年风调雨顺，由于照顾得好，丰某的梨树没有受到任何病虫的侵害。正当他期待一场大丰收之时，一场突如其来的灾害让他不知所措。

2013年6月底，一场风灾让他所在镇的果树不同程度地遭到了灾害，丰某的梨树也没能幸免，而且受害的程度最为严重。看着即将成熟的梨刮掉在地上，丰某心疼不已，一连几天坐在遭受灾害的梨树前抽闷烟。妻子看到了也不敢多言，她知道老伴儿心里难受着呢……

一天，丰某遇到了几个朋友，他们相互谈起了自己的梨树。朋友说，可以找找果树协会（以下简称“果协”），看看能不能赔。在朋友的提醒下，丰某想起了自己曾给果树上过保险，于是他马上和本地的果协取得了联系。在得知丰某的情况后，果协迅速将灾情上报了果树产业协会风险互助金管理委员会，并在第一时间做出反应，派工作人员到村里勘查灾情。

之后，事情进展得很顺利，果协在勘查灾情后确定了受灾的程度，并根据受灾情况给予丰某理赔。丰某领到了4 680元互助金，他庆幸自己当时上了“风险互助险”，如今才不至于损失严重。丰某决定，他以后还要为自己的果树上保险。这样，万一自家的树遭到什么灾害也可以有保障，毕竟像这样的自然灾害是无法预料和预防的，买了保险在灾难发生以后就会有所补偿。这样农民的心里也比较踏实些，不然自己辛辛苦苦培育出来的果树就等于白费了。现在，他可以利用这笔钱再种植一批梨树，把所受的损失弥补回来。

和丰某有同样感受的人还有很多，陆某就是其中一个。陆某是另外一个村的农民，尽管他只承包了10亩梨地，但他已经是风险互助的“老客户”了。2012年果协在搞风险互助试点的时候，他就为自己的10亩地每亩投保120元，共计1 200元。2013年他继续为梨地投保。由于陆某所种植的梨树2012年没有遭受任何灾害，按照规定可以“优惠”10%，所以他2013年只交了1 080元保费。2013年6月，陆某的梨树也遭遇了风灾，经过果协的勘查，最后他拿到了2 400元互助金。

（三）农业保险的职能及作用

1. 农业保险的传统职能

（1）转移风险，分摊、补偿被保险人的损失　农业保险对防范化解农业风险的作用，首先体现在它一方面可使单个农民以较小的保险费代价把生产和经营的风险转移出来，由有共同风险的所有投保人一起承担，从而实现风险在空间与时间上的双重分散；另一方面可使农民受损时，能通过保险公司管理的保险基金及时得到合理的经济补偿或保险金给付，而不致对生活、生产造成太大的影响。

（2）防灾防损，减少全社会的损失　现代农业保险从减少社会财富损失的高度出发，很注重在保险条款办法、费率规章、赔款处理、安全、优待等方面，处处贯彻防灾精神，借以提高参保农户和农业企业防灾防损的责任心和积极性。同时，根据《中华人民共和国保险法》（以下简称《保险法》）的精神，保险公司有权利对保险标的的安全进行检查，开展咨询，发现问题，提出建议，督促整改，消除隐患。并有从保费收入中提取一定比例的防灾基金，用以资助防灾科学研究，增添防灾设施，加强社会防灾力量的义务。

2. 农业保险职能的新拓展

（1）可以改善农业和农业经营主体的信用地位　有农业保险作支撑，农业生产趋于稳定，经营者的收益保障程度提高，有利于改善农业和经营主体的经济地位，从而改善其信贷地位，便于其获得贷款，引导农业金融资本的流入，促进农业生产扩大规模、提高集约化生产水平和降低农业资金融通成本。

（2）可以促进农业金融体系的稳定　农业保险不仅是稳定农业生产、保障经营者利益的有力手段，由于它为农业资金融通起到配套保障作用，因此还是一国农业金融体系的重要组成部分，其发展关系到一国农业金融体系的完整性和稳健性。

（3）可以促进农业产业化进程　农业产业与其他产业、农村与城市具有高度联动性，农业生产的发展会直接带动农业产前、产后相关服务业的发展，农民收入的提高可以直接促进对工业品、服务的消费，因此农业保险可以通过促进农业生产的稳定来促进农业相关产业的稳定和发展，促进农业产业化进程。

（4）可以促进国家经济发展和社会稳定　农业是母体性产业，农业是国民经济的基础，是占总人口70%以上农民最主要的生活来源，农业、农村和农民不仅直接关系到本部门的产业发展、就业增长和区域稳定，还是拉动内需的核心力量，是实现经济持续发展的根本保障。因此，通过农业保险促进农业的稳定、发展直接影响到国民经济和社会的稳定、发展。

（5）可以提升农业国际竞争力　农业保险稳定了农业投资收益，会促进社会增加对现代农业的投入，提高产品的附加价值，从而提升农产品进入国际市场的实力。如我国目前对农业保险需求最强烈的就是创汇农业和外向型农业，由于其很多都是订单农业，一旦发生风险事故损失而导致不能按期交货，投资者、生产者不仅要承受投入资本、劳动的损失，还有可能要交纳违约金等，参与农业保险能够最大限度地减轻其损失。

（四）我国农业保险发展的现状

目前，我国开办农业保险业务的机构包括商业性保险公司和专业性农业保险公司。商业性保险公司开办农业保险业务的主要有中国人民财产保险公司、中华联合财产保险股份有限公司、中国大地财产保险股份有限公司、江泰保险经纪股份有限公司以及外资保险公司。专业性农业保险公司主要有安信农业保险股份有限公司、安华农业保险股份有限公司、阳光农业相互保险公司、国元农业保险股份有限公司和中原农业保险股份有限公司，具体情况见下表。

我国专业性农业保险公司概况

成立时间	公司名称	性质特点
2004 年 3 月 1 日	安信农业保险股份有限公司	保监会批准成立的我国首家专业性农业保险公司，实行“政府财政补贴，商业化运作”的经营模式
2004 年 12 月 28 日	安华农业保险股份有限公司	东北首家专业性农业保险公司，尝试“围绕和依托农业产业化龙头企业开展农业保险”的方式
2005 年 1 月 11 日	阳光农业相互保险公司	我国唯一一家推行相互制模式的保险公司，实行会员制
2008 年 1 月 18 日	国元农业保险股份有限公司	保监会批准成立的安徽省第一家财产险保险公司，实行“农业保险业务和财产险业务共同发展”的经营模式
2015 年 5 月 13 日	中原农业保险股份有限公司	保监会批准成立的专业性农业保险公司，也是注册地在河南省的第一家保险法人机构，实行“专业化、差异化、特色化”的经营模式。

根据 2012 年中国保险年鉴整理的统计数据，2011 年安信农业保险股份有限公司的农业保费收入为 7.1 亿元，比上一年增长 23.1%，赔款支出为 3.6 亿元，全险种综合赔付率达 58%。安华农业保险股份有限公司在 2011 年设立了 11 家分公司，全年农业保险保费收入为 26.35 亿元，呈上升趋势。阳光农业相互保险股份有限公司至 2011 年年底已发展 100 多万名会员，全年农业保险保费收入 15.2 亿元，比上一年增长 20%，全年累计支付农业保险赔款 33.6 亿元，户均获得保险赔款2 356元。而国元农业保险股份有限公司 2011 年的农业保险承保率位居全国前列，尤其是对能繁母猪和奶牛等的承保比例较高，全年农业保险保费收入为 12.8 亿元，赔付 7.2 亿元。以上

为我国主要经营农业保险业务的几家专业性的农业保险公司2011年的业务发展情况，总体看来都有所发展，业务规模都有所扩大。但是相比于我国的巨大的农业保险市场潜力和需求而言，我国经营农业保险业务的主体数量较少，主要都是商业性的保险公司来经营，没有政府支持下开办或代办的经营机构。

自然灾害和农业风险虽然无法完全避免，但可以采取有效措施转移风险和分散风险。除了灾害救济和国家财政补贴外，在大多数国家，农业保险被视为一种最重要的农业风险管理手段，但是目前在我国尚未建立起一个健全有效的农业保险制度体系。现阶段，我国农业遭受灾害时，农民得到的补偿通常来自政府救济、灾害扶持和农业保险三大类。而在这三类补偿手段中，主要以政府救济和灾害扶持为主，占整个补偿比例的90%以上，而作为分散风险的科学手段之一的农业保险，却还不到10%。2011年我国农业保险收入继续上涨为174亿元，同比增长28%。但在我国财产险保费收入构成中，相比于财产险4 617.8亿元的总收入，农业保险只占其中3.7%的微小份额，由此看出我国农业保险在整个保险业当中，发展水平还很低，发展速度远远落后于其他的险种，不能为国民经济的发展发挥大的作用。近年来我国农业保险的发展逐步取得了进展，但水平仍有待提高。

延伸阅读

农户希望农业保险扩面

成片的甘蔗倒伏在地，叶子被打破。8月29日下午4时，一场意外的大风夹杂着雷雨、冰雹将衢江区云溪乡云溪村叶某的甘蔗吹打得东倒西歪。“那风整整狂吹了一个小时，又是打雷又是冰雹，我的20多亩甘蔗可遭殃了。”8月31日上午，在叶某的承包地，他悲伤地说。记者在现场看到，一些雇工正在甘蔗地将一根根倒伏的甘蔗扶起，再在甘蔗的根部盖上泥土，忙着生产自救。叶某说，那狂风是一路卷吹过去，过一会儿又往回刮，20多亩甘蔗有1/3被刮断，“本来，过10

多天甘蔗就要上市了，这么一来，能保住剩下的甘蔗，就谢天谢地了。”

叶某，云溪乡云溪村人，是一个甘蔗种植大户，种了7年甘蔗。去年，他到全旺镇承包了30亩地种植大棚甘蔗，因为天气干旱，没赚到钱。去年11月，他回到老家承包了20多亩地，继续搭建大棚种甘蔗。在他的精心栽培下，连片的甘蔗已经长到2米左右，他眼见着甘蔗要上市赚钱了，却被这一场狂风暴雨打碎了致富梦。“现在，雇工和种植的成本高，今年我已经投入30万元，这一场天灾估计让我的成本也收不回来了。”叶某无奈地叹气道。

8月29日下午5时，云溪村村支书李某得知此事后，马上打电话向云溪乡政府的负责人汇报了叶某种甘蔗遭遇天灾的情况。“第二天早上7点多，我去现场查看。连片的甘蔗确实被压平了，损失大。”李某告诉记者，叶某的大棚甘蔗投入大，出现这场意外，希望相关政府部门能否在合理的范围内给予补助，帮助叶某渡过难关。

“为了减少农户的损失，保险公司应该推出相关的农业保险。”李某说。规模发展种植业，为了防止出现自然灾害，对农业生产有个保障，保险公司理应对农户种粮、种甘蔗之类进行农业生产保险。

记者向叶某了解是否参加了农业保险，叶某说：“我一直忙着搞好甘蔗的种植，没有想到去保险，也不知道找谁去保险。”对此，记者采访了衢江区农业局的工作人员。该工作人员表示，目前衢江区与保险公司推出了农业设施保险，比如钢架大棚的保险；还有大棚里的蔬菜保险，家庭农场的人身意外保险。但是，对种甘蔗的保险还没有。

“我希望保险公司对种甘蔗进行保险，毕竟我种了多年的甘蔗，技术掌握了，如果没有发生旱灾水灾，种甘蔗还是有钱赚的。这次，虽然遭遇了天灾，可是明年我还要种的。”叶某期盼道。

二、农业保险产品

（一）养殖业保险

1. 养殖业保险的定义

养殖业保险是指以各种处于养殖过程中的有生命的陆生动物或水生生物为保险标的，保险人在被保险人支付约定的保险费后，对养殖过程中保险标的因遭受保险责任范围内的自然灾害、意外事故和疾病所造成的损失，对被保险人进行经济补偿的一种保险业务。

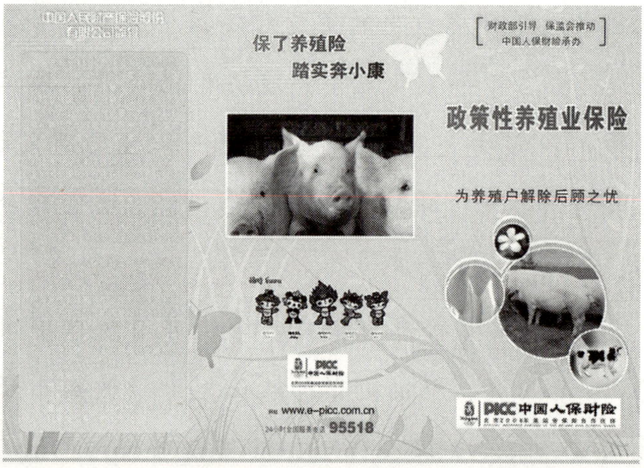

2. 养殖业保险的特征

（1）保险标的特殊　养殖业是通过人工养殖以取得畜禽产品和水产品的生产行业，故养殖业保险以有生命的动物（多是处在生长发育期的动物）为保险标的。与种植业保险相比，养殖业保险的保险标的呈现出明显的可移动性。

（2）风险单位较小　作为农业保险的一种，养殖业保险虽也受到自然灾害和意外事故的影响，尤其受到疾病死亡的严重威胁，但由于养殖业保险的保险标的是有生命的动物，它们在生产过程中具有移动性特点，因此在利用自然力方面，比种植业保险的保险标的有较大的灵活性，人们在利用它们的这一特点以避免或减少损失的能力也更强。

（3）道德风险严重　养殖业保险的保险标的价值受市场因素影响尤为严重，一旦市场萎靡，保险标的活体的经济价值甚至还不如养殖业保险合同所确定的保险价值，这就有可能使养殖户希望保险标的发生保险事故，以期获得更高的保险补偿，由此诱发道德风险的产生。

3. 养殖业保险的种类

养殖业保险按照保险标的和业务管理的需要分成不同的类型：

（1）牲畜保险　牲畜保险是以人工饲养的牲畜的生命为保险标的的一种死亡损失保险。牲畜的所有者将自己饲养的符合保险条件的牲畜向保险人投保，并按双方约定向保险人交纳保费，对保险标的因遭受保险责任范围内的死亡而造成的损失，由保险人进行经济补偿。牲畜保险根据保险标的不同又可分为大牲畜保险和小牲畜保险。目前我国开办的牲畜保险主要有肉牛保险、奶牛保险、养马保险、生猪保险、能繁母猪保险、养兔保险等。

（2）家禽保险　家禽保险是以商品性养殖的禽类动物的生命为保险标的的一种死亡损失保险。饲养人将自己饲养的符合保险条件的家禽向保险人投保，并按双方约定支付保费后，对保险标的因遭受保险责任范围内的死亡而造成的损失，由保险人进行经济补偿。目前我国开办的家禽保险主要有养鸡保险、养鸭保险、养鹅保险等。

（3）水产养殖保险　水产养殖是指利用淡水和海水水域，对鱼、虾类水生动物及海带等水藻类水生经济植物进行人工养殖，以获取产品经济价值。水产养殖保险就是指对上述养殖对象提供保险，在发生合同约定的保险责任事故而造成经济损失时，由保险人向被保险人提供经济补偿。目前我国开办的水产养殖保险主要有养鱼保险、养蛙保险等。

延伸阅读　螃蟹也有保障　人保财险为螃蟹养殖业护驾

保险行业的不断发展，保险种类也在逐渐增多。您听过“螃蟹保险”吗？相信您肯定会产生疑惑，螃蟹也有保险了？

日前，人保财险江苏省南京市分公司正式与武家嘴水产品养殖合作社签订2 700亩螃蟹养殖保险协议，提供总额为540万元的保险保障。

螃蟹养殖产业是南京市高淳县农业的第一大支柱产业。2011年，该县螃蟹养殖面积超过15万亩，年销售收入16亿元。与此同时，由于气候地理环境的影响，高淳地区台风、暴雨、洪涝等自然灾害时有发生，给螃蟹养殖带来一定风险。

人保财险南京市分公司根据养殖户的需要，在上级公司的帮助下，会同县农险办等相关部门，组建产品开发专项小组，数年前就针对螃蟹养殖风险开展了详细的专项调查与损失统计，对条款和费率进行了大量细致的论证工作，创造性地建立起养殖水位与养殖产量之间的指数模型，明确了不同生长期不同养殖水位与螃蟹损失之间的指数关系，并根据历年保险事故造成螃蟹养殖损失的情况，测算出年平均损失率及产品费率，探索出螃蟹养殖保险新型承保、理赔模式，解决了螃蟹理赔与定损的难题。尤为难得的是，这种全面创新、操作性很强的保险方案，同样得到了大批螃蟹养殖者的充分认可，大家纷纷表现出了积极的投保意向。

螃蟹养殖保险第一单的签出，在当地形成强烈的示范效应，得到了县政府相关部门的高度重视。人保财险南京市分公司表示，下一步，将借助政府的力量，在全县范围内加大产品的宣传，大规模推广这一险种，并由养殖保险出发，在螃蟹的运输、销售、食用安全责任等方面全面介入螃蟹产业链，为当地高效农业的健康发展、螃蟹品牌的打造保驾护航。

人保财险南京分公司成为全国保险行业中第一家“吃螃蟹者”，给螃蟹养殖户提供了极大的保障。螃蟹保险的推出，一定程度上证明了保险业的发展，保险业正积极从各方面为人民提供保障。

（4）其他养殖保险　以商品性养殖的鹿、貂、狐等经济动物和养蜂、养蚕等为保险对象，承保在养殖饲养过程中因各类保险事故造成的养殖物死亡或产品价值损失。其他养殖保险最重要的特征就是养殖生产活动主要以获取、实现养殖物最大的经济利益为目的。目前我国开办的其他养殖保险主要有养鹿保险、养蜂保险等。

4. 养殖业保险合同

（1）养殖业保险合同概念及分类　养殖业保险合同是指以养殖业产品作为保险标的的农业保险合同，根据保险对象的不同可以进一步分为牲畜保险合同、家畜家禽保险合同和水产养殖保险合同等。

1）牲畜保险合同。牲畜保险合同这是以各种役用（马、骡、驴、骆驼、耕牛等）、肉用（肉牛）、乳用（奶牛）、种用（种马、种牛、种驴）等大牲畜作为保险标的的一种养殖业保险合同。

牲畜保险合同的保险标的范围较广，不过，保险人承保的牲畜必须是畜体健康，饲养、使用、管理正常，具有使役能力，并且符合承保畜龄的规定（例如马、黄牛为1～13岁，骡为1～15岁，驴为1～11岁）。

牲畜保险合同的保险责任一般为综合责任。保险人对于保险标的在饲养使役期间，因疾病、自然灾害、意外事故造成的死亡、伤残，以及因传染病而被政府命令强行屠宰、掩埋所造成的损失，承担赔偿责任。此外，牧区定点饲养放牧的牲畜，因自然灾害、草场水源枯竭造成的死亡，经双方当事人特别约定，也可以列入保险责任。但是，因被保险人的故意行为、不合理使役致牲畜劳累致死、拒绝按兽医部门要求进行防疫或治疗以及因被盗、走失等造成保险标的损失的，属于除外责任，保险人不承担保险责任。

牲畜保险合同的保险金额的确定方法是不尽相同的。欧洲多数国家采用商定价值，而英国采用市场价值，但是，均承保其中一定比例的部分。我国保险公司经营的牲畜保险合同，对于法人或其他经济组织投保的，是按其账面或商定价值的七成确定保险金额，而对于个人投保的，则按商定价值的七成来确定保险金额。

牲畜保险合同的保险费，是根据保险标的近10年的平均死亡率和经营成本费用比例所厘定的保险费率来计算的。

牲畜保险合同的保险期限一般为1年，期满续保。

牲畜保险合同的赔偿处理。当保险标的因保险事故而死亡伤残时，被保险人应提交保险单和兽医等有关部门的证明文件向保险人索赔。保险人对于按账面价值承保的，以账面价值为限扣除残值后赔付；按商定价值承保的，以保险金额为限扣除残值后赔付；而定额承保的，则按约定的保险金额予以赔付，不扣除残值。

2）家畜家禽保险合同。这是以商品化生产的家畜（猪、羊、兔、鹿、貂等）或家禽（鸡、鸭、鹅、蜂、蚕、鸽等）作为保险标的的一种养殖业保险合同。并且按承保的家畜家禽的种类，又分为相应的保险险别。例如，生猪保险、养羊保险、养鸡保险等。

保险人在家畜家禽保险中的保险责任一般是综合性的，具体表现为保险人对于以下三个方面的原因造成保险标的损失的，承担赔偿责任：因自然灾害，如火灾、水灾、风灾、雹灾、雪灾、雷击、地震、地陷等造成保险标的死亡的损失；因意外事故，如碰撞、触电、淹溺、窒息、中毒、摔跤、互斗、建筑物或其他物体倒塌等导致保险标的死亡的损失；因疾病，如传染病、胎产、阉割等造成保险标的的死亡损失以及政府为防止传染病而强制扑杀掩埋造成的损失，保险人负责赔偿。但是，对于承保的家畜家禽正常的零星死亡，保险人在免赔额条款规定的免赔只数或免赔比例范围内不负赔偿责任。

家畜家禽保险合同的除外责任一般包括被保险人及其饲养人员的故意行为造成保险标的的死亡；保险标的被盗或走失；战争、军事行动及政府征用导致保险标的的死亡；不按防疫要求或拒绝防疫和治疗导致的保险标的死亡；保险标的在放养过程中自然死亡或因他人恶意行为造成的损失；不属于保险责任范围内的保险标的死亡。

由于所涉及的各种家畜家禽的饲养周期有长有短，经济用途和经济价值各不相同，因此，家畜家禽保险合同针对不同的保险标的，在保险期限、保险金额和赔偿处理等方面均有不同的规定。

3）水产养殖保险合同。这是以各种商品化养殖的水产品（包括淡水、海水养殖的鱼类、虾类、贝类、蟹类、藻类等）作为保险标的的一种养殖业保险合同。我国保险公司目前开办的主要险别有养鱼保险合同、对虾养殖保险合同、河蚌养殖保险合同、珍珠养殖保险合同、海带养殖保险合同、扇贝养殖保险合同等。

在农业保险实践中，由于水产品养殖有精养和粗养之分。前者的饲养方式是有专人负责管理，按时投料、测温、消毒、防病，故属于水产养殖保险合同的保险标的；而后者的饲养方式则是无专人管理的“放养”，保险人对于粗放养殖的水产品，一般不予承保。

水产养殖保险合同的保险责任，根据危险事故的不同，可以分为死亡损失责任和流失损失责任两大类。死亡损失责任，主要包括因非正常缺氧、他人蓄意投毒或投放爆炸物、疾病以及第三者排放污水引起水质污染等造成保险标的死亡的，保险人承担保险责任。流失损失责任，主要是指因自然灾害或非人为方面的原因致使保险标的流失所造成的损失，保险人承担保险责任。但是，保险标的在放养过程中的自然死亡、因各种敌害所造成的损失、被保险人及其家庭成员或者养殖人员的故意行为或重大过失行为造成的损失，则属于水产养殖保险合同的除外责任。

水产养殖保险合同保险金额的确定，鉴于承保的水产养殖产品种类不同，养殖方法不一样，加之各地区的自然条件、经济条件和养殖管理水平参差不一，故适用的方法也就不尽相同。适用较多的是按成本承保和按产值承保。前者是按照保险标的在收获时投入的总成本（最终生产费用）的全部或部分确定保险金额；后者则是以保险标的的市场价格或销售价格为依据确定保险金额。不论是按生产成本，还是按产值确定的保险金额，保险人最高承担70%的保险责任，另外30%的损失后果则由被保险人自己负担。

水产养殖保险合同的保险期限，根据水产品养殖的生长周期的不同，可以适用两种方法予以约定：其一是保险期限为1年，连年续保直至保险标的生长期满。例如，蚌珠的生长期一般为3年，双方当事人可以约定保险期限为1年，连续续保3年。其二是约定以水产品的养殖生长期为保险期限。例如，海带养殖的生长期为当年8月放苗，翌年6月收获，则双方约定此生长期间是海带养殖保险合同的保险期限。

（2）养殖业保险合同的损失赔偿

1）畜禽保险的赔偿处理。索赔时，被保险人应提供保险单、保费收据以及当地兽医部门或有关方面出具的牲畜死亡证明。

计算赔款时，应结合投保方式，并注意扣除残值，而残值的确定方法，一般在保险条款中约定。如保险条款中规定有免赔比例的，应扣减免赔额。按传统方式投保的，理赔中发现保险标的数量已超过保险时的数量，作为不足额保险，实行比例赔偿，或采取“第二危险”赔偿方式，即从死亡数量中减去未投保数量后再做计算；按账面价值投保的，以账面价值为限，扣除残值后赔付；以商定价值投保的，以保险金额为限，扣除残值后赔付；以定额投保的，按约定档次给予相应定额赔付，不扣减残值。对于因发生恶性传染病引起的保险标的死亡，赔偿时不扣减残值。

生猪保险如何计算理赔金额 经典案例

村头的老陈是养猪专业户，要为自己的养猪场投保。他的养猪场育肥猪一年出栏数为2 000头，每头保费按500元计算，则每头保费500元/头×1.5%（保险费率）×0.95（投保数量系数）=7.125元，2 000头保费14 250元，政府补贴50%，老陈自付14 250×50%=7 125元；假如老陈的养猪场因洪水冲走800头肥猪，则老陈获赔额：［800×50%－5元（免赔额）］×500元/头=197 500元。

2）水产养殖保险的赔偿处理。水产养殖保险赔偿中，由于保险标的有生活在水下的特点，出险后责任不易分清，损失程度也难以准确测定，定损难度大。特别是发生部分死亡或部分流失的情况，目前还没有准确核定损失程度的科学手段。这种难度带来一定的风险，保险人需要通过理赔中免赔额的扣除抵减。因此，水产养殖保险无论是采取保成本，还是保产值的投保方式，保险人只承担部分责任，另一部分责任由被保险人自负。

按成本投保的，根据保险标的不同时期投入的不同成本，按不同的赔偿标准对不同时期出现的保险灾害事故造成的损失计算赔款，即用不同时期赔偿额占保险金额的比例计算，并扣减残值。按产值投保的，若保险责任事故造成全部损失，则按保险金额扣减残值赔付。发生部分损失，若最后产量等于或高于保险产量（平均收获量的七成），损失由被保险人自负；若最后产量低于保险产量，损失数量低于保险产量与收获量的差额，按损失数量扣减残值赔付；损失数量高于差额数量，按差额扣减残值赔付。

（二）种植业保险

1. 种植业保险的定义

种植业保险是指以各种农作物为保险标的，在种植业生产过程中，对保险标的因遭受保险责任范围内的自然灾害或意外事故所造成的损失，由保险人给予经济补偿的一种保险业务。

2. 种植业保险的特征

一般来说，农业保险具有季节性、连续性、高风险性，作为农业保险的主要组成部分，种植业保险当然呈现上述基本特征。同时，和另一大类农业保险——养殖业保险相比，种植业保险还具有风险来源的复杂多样性、明显的区域性以及损失责任的难划分性等特征。

（1）季节性　农作物生产受制于外部自然环境条件，“不违农时五谷丰登”这句谚语生动地说明适时播种、适时收割在农业增产丰收中有举足轻重的作用。这就要求种植业保险在展业、承保、防灾、理赔过程中，必须对植物的生物学特性和季节环境有正确的认识。

（2）连续性　包括植物在内，所有生物始终保持着自身生命活动的连续性。上一茬作物同下一茬作物之间，或者同一个生态区域内，植物在生物学进程中都是紧密相连，不能中断，相互影响，相互制约的。种植业保险作为一种经济活动，在任何时候都要考虑植物生产的连续性和经济效益间的关系，要有全面的长期的观点，才能获得最大经济效益。

（3）高风险性　种植业保险风险较大，赔付率较高，湖南农业保险试点有关数据显示，2012 年，种植业实现保费收入共 5.2 亿元，但赔款就支出 4.09 亿元，赔付率高达 78.7%。经营种植业保险的盈利水平要低于商业性保险的盈利水平，因而，种植业保险的经营风险大，这也是商业性保险公司不愿经营此项业务的主要原因。

（4）风险来源的复杂多样性　种植业面临的风险主要有气象灾害、农产品市场价格波动、销售渠道不稳定、生产资料价格波动、农资质量难以保证、种植户信息来源单一等。在现代农业的背景下，一方面由于种植业本身特性所决定的对自然的依赖性，并未随着现代农业技术的改进而显著降低；另一方面，以市场为导向的改革给农户的生产经营带来更大程度的不确定性，使得农户从事种植业生产经营的风险不仅没有减弱，而且呈现出复杂化和多样化的趋势。

（5）明显的区域性　种植业所涉地域辽阔，地理环境复杂，自然灾害种类繁多，发生频率、强度各异，这使得种植业风险表现出明显的区域性。也正是由于风险的区域性分布，种植业保险经营必须进行风险区划和费率分区，这与养殖业保险相比，大大增加了保险经营的难度和成本。

（6）损失责任的难划分性　和养殖生产不同，植物的生活周期和生长周期都比较长，植物可能会受到多种自然灾害的侵袭，而一种灾害发生往往诱发一种或多种次生灾害发生。因此，在多种灾害特别是气象灾害综合作用的情况下，很难精确每种灾害的影响程度，这就给种植业保险的理赔工作、准确的定损定责提出了较高的技术要求。

3. 种植业保险的类别

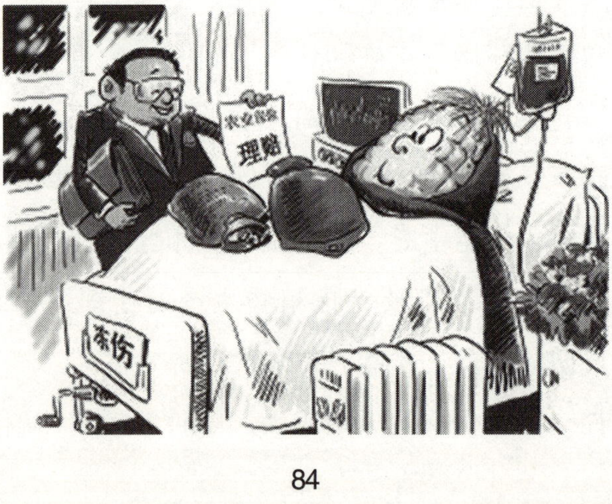

按照保险标的类别划分，种植业保险分为粮食作物保险、经济作物保险、林木保险以及其他作物保险，具体如下：

（1）粮食作物保险　粮食作物保险主要有水稻保险、小麦保险、玉米保险等。粮食生产关系国计民生，世界各国对粮食生产都十分重视。粮食作物保险也自然成为种植业保险中的重中之重。粮食作物保险的特点主要有：

1）风险大，赔付率高。例如中国人保多年来开展的粮食作物保险，年平均赔付率在80%以上，其中玉米保险的年平均赔付率在100%以上。

2）业务开展难度较大。生产粮食的农户收入和生产经济作物的农户相比更低，保费承受能力更差，从而使得保险业务难以开展。

3）保险的政策性强。由于粮食作物生产关系国家的粮食安全，多数农业保险国家都把主要粮食作物列入政策性保险的范围。

（2）经济作物保险　按照传统的对经济作物的分类，经济作物保险分为纤维作物保险、油料作物保险、糖料作物保险及其他作物保险等。比较重要的有棉花保险、大豆保险、甘蔗保险、花生保险、茶叶保险等。经济作物保险的特点主要有：

1）保额高。因为生产成本高，经济作物保险的保额一般较高。

2）费率高。大多数经济作物的抗灾性能差，在实践中费率设定也因此偏高。

3）定损理赔技术复杂。由于有些作物在一定生长期有恢复能力，也有些作物属于多年生，导致产量测定技术复杂且费时费力。

延伸阅读

全国规模化产值保险试点产品——马铃薯保险

在被称为“中国马铃薯之乡”的甘肃，2012年，中华保险抓住马铃薯保险保费纳入财政补贴范围的机遇，及时研发出全国唯一的规模化产值保险试点产品，并在甘肃保监局指导下建立了定西马铃薯种植业保险示范区。该产品将旱灾和病虫害首次纳入主险责任范围，涵盖马铃薯生长期所有外来风险；以产量与平均价格的乘积为依据，不仅提高了农险产品的科学化程度，同时简单明了，有利于投保农户较好地理解。同时取消免赔率设置，确保农户发生绝收情况时可全保额补偿，收回物化成本，真正保住了农户最低收入的“生命线”。为力求宣传告知的通俗化，中华保险提出“每亩三块一毛五，保您千斤马铃薯”的宣传口号，方便了广大农户理解和认知。2012 年全年中华保险赔付农户 7.6 万户，受灾农户户均补偿 238.2 元，使“薯农”亲身感受和体验到了农业保险的惠农政策，从此吃上了“定心丸”。

（3）林木保险　林木保险是以具有经济价值的天然原始林和各类人工营造林为保险标的。与其他农业保险险种相比，具有如下特点：

1）可续保期长。在一般种植业保险中，保险期大多只有几个月，而林木保险标的是多年生植物，生长期多在 10 年以上，风景林或珍贵树种甚至在百年以上，所以其可续保期相当长。

2）责任单一，费率低。林木保险遇到的自然灾害主要是火灾，而现代化的安全管理和经营使得火灾发生概率减少，损失率低，保险费率一般为 0.5% ~1%。

3）灾后观察期长。由于林木的火灾发生旺季是秋季干旱期，树木被火烧后是否死亡，当时无法测定，须等到春暖花开时，才能观察是否萌发新的枝叶，因此其观察期在几个月左右。

（4）其他作物保险　其他作物保险是指粮食作物保险、经济作物保险和林木保险未能包括的各种作物保险的总称。主要包括蔬菜作物保险、园林作物保险、饲料作物保险、特种作物保险。与其他种植业保险比较，此类保险金额和保险费率较高，专业技术更为复杂。

4. 种植业保险如何查勘定损

种植业保险中，一般生长期农作物的查勘在灾后的 7 ~10 天进行。因为植物体在受灾后一般有自我恢复能力。在定损过程中，主要是确定损失面积和损失程度。确定损失面积的方法主要有三种：

（1）确定损失面积的方法　主要有三种：

①目测法。可分为两种：一种是凭经验判断面积；另一种依据田间参照物（如里程碑、线杆、树距等），这种方法在农作物种植规范的地区比较可行。②实地丈量法。适用于小面积的损失测定，不适合大面积的定损。③调查询问法。向当地政府和农民认真询问灾情，发现与实际不符的地方进行纠正，申明利害，纠正虚报面积。这三种方法往往是结合起来使用。

（2）确定损失程度的方法　损失程度的确定一般要经过两个步骤，首先是测量产量，然后确定损失程度。产量的测定主要有两种方法：①在田间取点，每点测量10行的密度，求出平均行距，根据平均行距，求出1平方米面积所需行长（米），在田间选取具有代表性的5～10个点，每点收获1平方米，混合脱粒后称重，求出1平方米的产量（千克）。亩产量＝1平方米的产量（千克）×667。②运用作物产量构成因素计算。作物的单位面积产量是单株产量和单位面积上株数的乘积。不同作物的计算方法不太一样。

5. 种植业保险如何计算理赔金额

如果已经测定了受损面积和损失程度，那就可以参照保险合同的有关规定，计算理赔金额了。理赔金额的确定主要有以下两种方法：

（1）按损失程度比例赔偿　这主要是针对种植业成本保险而制定的。保险合同中对农作物所处的生长期都会给出具体的赔付标准。如果保险农作物发生保险事故，无论发生绝产或部分损失，均按当时的赔偿标准和损失程度比例赔款。一般通用的赔款计算公式为：

赔款额＝受灾当期单位面积赔付标准×［损失程度（比例）－免赔率］×受损面积

（2）按实际收获产量和保险产量的差额赔偿　这种赔偿方式主要是针对农作物产量保险而设置的。发生绝产损失时，按照不同阶段确定的最高标准赔偿。苗期发生损失时，可重播的，按重播的种子秧苗费计算赔偿金额，经一次赔付后保险合同继续履行。不可重播的，经一次赔付后保险合同随即终止。生长后期和成熟收获期发生的绝产损失，按最高赔偿金额进行赔付，经一次性赔付后，保险合同随即终止。发生部分损失时，按实际收获产量与保险产量间的差额赔偿。多次发生保险责任范围内的损失，按发生最后一次保险灾害后的实际收获产量与保险产量的差额赔偿。部分损失情况下，一般通用的计算公式为：

赔款额 = 保险价格 ×（保险产量 - 收获产量）×受损面积 ×（1 - 免赔率）

其中，免赔率一般为产量的一个成数，例如一成，那免赔率就是10%，就是说，如果灾害造成的损失在正常产量的一成以内，保险机构不会进行赔偿。另外，如果参加保险的作物面积大于或等于实际种植面积时，按实际损失面积计算赔偿金额。如果保险面积小于实际种植面积时，在无法区分未保险面积部分时，则按保险面积与实际种植面积的比例计算赔偿金额。

水稻保险如何计算理赔金额 经典案例

种植大户老王要给自己种植的50亩水稻投保，每亩按400元投保，每亩需支付保费为400元/亩（每亩保险金额200元或400元自行选择）×2.5%（保险费率）=10元，50亩则为500元。政府财政补贴60%，老王个人自付40%，即200元。假如老王的稻田因台风造成其中30亩苗期后的稻苗40%倒伏死亡，那么老王可获赔款额：400元/亩×40%（损失赔偿比例）×100%（生长期赔款比例：苗期50%，苗期后100%）×30亩（实际受损亩数）=4 800元。

6. 种植业保险合同

种植业保险合同是指以种植业生产的各种农产品作为保险标的的保险合同。

（1）种植业保险合同的内容

1）保险标的。种植业保险合同是指以种植业生产的各种农产品作为保险标的的保险合同。种植业的农产品统称为农作物。种植业保险合同的保险标的是农作物，其种类繁多，具体包括粮食作物保险合同，主要承保谷类、麦类、薯类和豆类作物；经济作物保险合同，主要承保棉花、麻类、油料、糖类、烟、茶、药用类作物；园艺作物保险合同，主要承保瓜果、蔬菜、花卉等作物。

2）保险金额。种植业保险合同承保的农作物多存在于生长过程之中，处于不断增值的状态，因此，确定种植业保险合同的保险金额就较为困难。在农业保险实践中，一般有两种确定保险金额的方法。

其一，按农作物的一般产量确定保险金额。具体做法是以一定期间（如近3年或5年）的平均年产量作为根据，取其一定比例就是该种植业保险合同的保险金额。这一比例在我国一般为60%～80%。

其二，按农作物的生产成本确定保险金额。就是说以农业生产者为种植农作物所投入的种子、肥料、农药、人力、畜力、动力等生产费用作为根据来确定保险金额。

3）保险费。种植业保险合同的保险费是根据保险费率计算的，而厘定保险费率时，应当考虑相应的保险责任范围，保险标的所处的地理位置和自然条件、农业生产者的技术和管理水平、被保险人的负担能力和保险人的经营成本等因素。

4）保险期限。种植业农作物的保险期限是指保险责任的有效期限。种植业保险期限一般是从出齐苗或移栽成活后开始，至农作物生长成熟或工艺成熟日期终止。种植业保险期限可以是季节性的，也可以是连续性的；具体讲，种植业保险期限，对于生长期作物来说，是保险标的的每年的一个生长期，从播种到收获完毕。而收获期农作物保险则从收获时起至加工完毕离场入库时止为保险责任期间。

（2）种植业保险合同的保险责任

种植业保险合同的保险责任，视保险标的的不同而各有特点，但是，可以按其责任范围分为单一责任保险、混合责任保险和一切险责任保险。

1）单一责任保险。单一责任保险是指承保农作物的一种风险责任的保险合同。例如，麦场火灾保险合同的保险责任限于火灾，西瓜雹灾保险合同则只承保雹灾。

2）混合责任保险。混合责任保险是指承保农作物的两种以上（包括两种）风险责任的保险合同。不过，混合责任保险一般是在保险合同列明的风险范围内承担保险责任，并非农作物的所有风险，故区别于一切险责任保险。例如，大白菜保险合同的保险责任包括有冰雹、暴风、暴雨，而棉花种植保险合同则承保了冰雹、洪水、雷击、龙卷风、台风、暴风和暴雨。

3）一切险责任保险。一切险责任保险是指承保农作物的一切风险责任的保险合同，即保险人对所有自然灾害和病虫害造成的农作物损失承担赔偿责任。例如，大豆作物保险合同承保了由于火灾、水灾、旱灾、风灾、雹灾、霜灾、冻灾、虫害、病害、飞禽害、野兽害以及其他人力不可抗拒的自然灾害所致农作物的损失。

（3）种植业保险合同的除外责任　种植业保险合同的除外责任，一般包括战争、军事行动、国家征用、被保险人经营管理不善和故意行为、欺骗行为、间作套种非保险标的的农作物、毁种复播、盗窃、毁坏等造成的损失。具体的应以保险合同的约定为准。

（4）种植业保险合同的赔偿处理　这是一个复杂的问题。在农业保险实践中，如果是按收获价值投保的，一般采用比例赔偿方法。如果是按定额承保的，则以保险金额为限予以赔偿，若保险标的发生全损的，按保险金额赔付。而对于保险标的的部分损失，则在保险金额的一定比例限度内按实际损失赔偿，保险标的的损余（残值）部分经双方协商作价后归被保险人所有。相应的残值应当从赔款中予以扣除。对于被保险人在发生保险事故时，为了避免或减少损失而采取施救、保护、整理等措施而支出的合理费用，保险人另行按比例计算予以赔偿，但限于保险金额的范围。

三、农村人身保险、财产保险

(一)农村人身保险

1. 农村人身保险概念

人身保险是指以人的生命和身体为保险标的，当被保险人发生死亡、伤残、疾病、年老等事故或保险期满时给付保险金的保险。人身保险的保险标的为人的生命或身体。

“农民”这一概念可以从两方面理解。一是区位位置划分，农民是指居住在农村的居民，它的对立面是城市人。最需要保险保障的是乡村农业人口。二是职业身份划分，以从事农业生产为主的劳动者。

广义的农村人身保险是指以包括失地农民、流动农民工等新的社会群体在内的广大农村居民的养老、医疗、生育、失去土地、意外事故等可保风险保障为对象的商业保险。本书的农村人身保险是指保险产品的买方是农民，即投保人或被保险人是农民的人身保险。

2. 人身保险分类

(1)传统人身保险种类　中国保险监督委员会2003年《人身保险定名暂行办法》中，人身保险分为人寿保险、健康保险和意外伤害保险三类。

“人寿保险”是指以人的生命为保险标的人身保险，又分为死亡保险(终身寿险，定期寿险等)，生存保险(养老年金，教育年金等)，生死两全保险(定期两全保险等)。“意外伤害保险”是指因突发的、非本意的、外来的、非疾病的事故对人身造成的伤害作为保险标的人身保险，包括意外伤害保险以及意外伤害医疗保险等。“健康保险”是指以人的健康状况作为保险标的的人身保险，包括普通医疗保险、重大疾病保险等。

(2)新型人身保险产品种类　随着经济的发展，资本市场化程度的日益提高，近几年在国内投资市场上又出现了将保障和投资融于一体的新型投资型险种，主要包括分红型、万能型、投资连结型等三种类型。

1)分红型保险。这是指保险公司将其实际经营成果优于定价假设的盈余，按照一定比例向保单持有人进行分配的人寿保险。与普通型产品相比，分红型产品增加了分红功能。但需要注意的是，其分红是不固定的，也是不保证的，分红水平与保险公司的经营状况有着直接关系。

2）万能型保险。这是指包含保险保障功能并设立有保底投资账户的人寿保险。它具有以下特点：一是兼具投资和保障功能。保费的一部分用于提供身故等风险保障，扣除风险保险费以及相关费用后，剩余保费在投资账户中进行储蓄增值。二是交费灵活、收费透明。通常来说，投保人交纳首期保费后，可不定期、不定额地交纳保费。同时，与普通型又称传统型人身保险产品及分红保险不同，保险公司向投保人明示所收取的各项费用。三是灵活性高，保额可调整。账户资金可在一定条件下灵活支取。投保人可以按合同约定提高或降低保险金额。四是通常设定最低保证利率，定期结算投资收益。此类产品为投资账户提供最低收益保证，并且可以与保险公司分享最低保证收益以上的投资回报。

3）投资连结型保险。这是指包含保险保障功能并至少在一个投资账户拥有一定资产价值的人寿保险。其具备万能险第一、第二项的特点，但两者之间也有不同。投资连结保险灵活性高，账户资金可自由转换。由于投资连结保险通常具有多个投资账户，不同投资账户具有不同的投资策略和投资方向，投保人可以根据自身偏好将用于投资的保费分配到不同投资账户，按合同约定调整不同账户间的资金分配比例，并可以随时支取投资账户的资金。

3. 人身保险的特点

（1）定额给付性质的保险合同　大多数财产保险是补偿性合同，当财产遭受损失时，保险人在保险金额内按其实际损失进行补偿。大多数人身保险不是补偿性合同，而是定额给付性质的合同，只能按事先约定金额给付保险金。健康保险中有一部分是补偿性质，如医疗保险。在财产保险方面，大多数财产可参考其当时市价或重置价、折旧来确定保险金额，而在人身保险方面，生命价值就难有客观标准。保险公司在审核人身保险的保险金额时，大致上是根据投保人自报的金额，并参照投保人的经济情况、工作地位、生活标准、缴付保险费的能力和需要等因素来加以确定。

（2）长期性保险合同　人身保险的特点之一就是保险期限长。个别人身保险险种期限较短，有几天，甚至几分钟的，如旅客意外伤害保险和高空滑车保险，则另当别论。投保人身保险的人不愿将保险期限定得过短的一个原因是，人们对人身保险保障的需求具有长期性；另一个原因是，人身保险所需要的保险金额较高，一般要在长期内以分期缴付保险费方式才能取得。

（3）储蓄性保险　人身保险不仅能提供经济保障，而且大多数人身保险还兼有储蓄性质。作为长期的人身保险，其纯保险费中大部是用来提存准备金，这种准备金是保险人的负债，可用于投资取得利息收入，以其用于将来的保险金给付。正因为大多数人身保险含有储蓄性质，所以投保人或被保险人享有保单质押贷款、退保和选择保险金给付方式等权利。财产保险的被保险人没有这些权利。

（4）不存在超额投保、重复保险和代位求偿权问题　由于人身保险的保险利益难以用货币衡量，所以人身保险一般不存在超额投保和重复保险问题。但保险公司可以根据被保险人的需要和收入水平加以控制，使保险金额不高得过分。同样代位求偿权原则也不适用于人身保险。如果被保险人的伤害是由第三者造成的、被保险人或其受益人既能从保险公司取得保险金，又能向肇事方提出损害赔偿要求，保险公司不能行使代位求偿权。

4. 农村小额人身保险

（1）农村小额人身保险的含义　小额人身保险是小额金融的重要组成部分，也是一种有效的金融扶贫手段。它主要是依据保险经营原理，为低收入人群提供人身保险保障的一种运行机制。

（2）农村小额人身保险的特征　小额人身保险的保费较低，保险金额较小，投保和理赔手续都比较简便，基本属于微利经营。产品种类涵盖定期寿险、储蓄保险、信贷寿险、意外险和健康保险等领域。小额人身保险产品以风险保障型为主，比传统保险产品更适合中低收入阶层，在农村具有极大的发展潜力。

（3）小额人身保险推广的特点原则和服务对象　小额人身保险是一类面向低收入人群提供的人身保险产品的总称，具有保费低廉、保障适度、保单通俗、核保理赔简单等特点。

小额人身保险推广过程中坚持控制风险、鼓励创新、适度竞争、审慎监管、适当保护、持续发展、普惠服务的原则，使低收入群体买得起、买得到和愿意买，不断扩大保险覆盖面，让保险保障惠及最广大人民群众。

小额人身保险服务于全国范围内的以下低收入群体：县以下乡（镇）和行政村的农村户籍居民；城镇享受最低生活保障的低收入群体、优抚对象，以及无城镇户籍的进城务工人员。

（4）小额人身保险的产品要求　小额人身保险产品类型包括普通型定期寿险、意外伤害保险以及疾病保险和医疗保险。

小额人身保险产品的保险金额应不低于10 000元，不高于100 000元。其中，定期寿险、除与新型农村合作医疗结合的补充医疗保险以外的健康保险的保险金额不得高于50 000元。小额人身保险产品的保险期间不得低于1年，不得高于5年。其中，团体保险的保险期间应为1年。

小额人身保险产品的设计应结合低收入群体的实际情况，确保价格低廉、条款简单明了，除外责任尽量少，核保理赔手续简便。

小额人身保险产品的所有相关单证和宣传资料中应突出显示“小额人身保险”或“小额”图（字）样。

延伸阅读　三年试点经验　“小”保险服务大民生

“每天几分钱，放心一整年。”保费仅为10元、20元的农村小额人身保险对于农民来说，是花小钱买大放心。因此，小额人身保险自2008年8月试点以来一直备受关注，很多地方政府更是把小额人身保险作为“民心工程”的一项重要内容来扶持。

小额人身保险是一类面向低收入人群提供的人身保险产品的总称，具有保费低廉、保障适度、保单通俗、核保理赔简单等特点，是小额金融的重要组成部分，也是一种有效的金融扶贫手段。

山西省目前推广的小额人身保险险种主要有国寿农村小额意外伤害保险、国寿农村小额团体意外伤害保险、国寿附加农村小额意外费用补偿医疗保险以及国寿附加农村小额意外费用补偿团体医疗保险。

中国人寿晋中分公司乌金山镇营销服务部的小额人身保险一直做得不错，乌金山镇属于晋中市，在山西北部，属于丘陵地带，由39个自然村组成，大约有2.6万村民。这个镇上的37个自然村以“一张保单保全村”的统保形式投保了小额人身保险。

笔者来到中国人寿乌金山镇营销服务部时，正好赶上该镇鸣谦村的康某到营销服务部来理赔。54岁的康某说，他们全村都投保了小额人身保险，而且是村里出钱给大家买的。除此之外，他还自己出钱为家人买了一份50元的“惠农卡”（意外保险卡单）。他的妻子不久前被村里的狗咬伤了，医疗费花了200多元，他赶来办理理赔手续，这是他第一次理赔。他对小额人身保险的理解是，“村里人收入低，以前买不起保险。现在有了这个险，几十块钱就能入，比以前有保障了。你看，花了几十元，人家公司给‘报销’200多元，我觉得这个保险好处真不少。”说这些话时他脸上始终露着笑容。

笔者在这个营销服务部看到了厚厚一沓投保登记本和驻村档案。每户村民家里有几口人，叫什么名字，年龄多大，投保了什么保险以及家庭收入等，都有详细的记录。在小额人身保险的理赔记录中，很多理赔案件都是因为狗咬、摔伤等农民生产生活中的意外事故，也有个别大的涉及被保险人身故的案子发生。

其中有一件较大的理赔案发生在2009年3月9日。当日，中国人寿临汾分公司浮山营销部相关营销员将1万元赔款送到了出险人陈某家属手中。这一时间距离客户申请理赔仅3天。被保险人陈某2008年10月在中国人寿浮山营销服务部投保了农村小额意外伤害保险，保费30元，保额1万元。2009年3月4日，陈某在工地挖土窑时遭遇塌方不幸身故。陈某家人对及时能获得理赔非常满意和感激。该村一位负责人也表示，小额人身保险确实是农民最坚实的生活保障，并鼓励村民多办保险，为社会和家庭减轻负担。

乌金山镇营销服务部经理告诉笔者，每天都会有少则几件、多则二十几件的小额人身保险理赔案件发生。只要理赔资料齐全，小案子一般两天就能完成理赔。现在农村很多劳动力都外出打工，由于很多工作场所还不能为他们解决保障问题，小额保险正好填补了这个空白，在家就帮他们把意外保障的问题解决了。"这些外出打工的农民发生意外伤害事故后，只要提供县级医院以上的门诊收据、病历、诊断书和收费发票等，就能到保险公司理赔。"这位经理说。

（二）农村财产保险

1. 农村财产保险的定义

财产保险有广义与狭义之分。广义的财产保险是指以财产及其有关的经济利益和损害赔偿责任为保险标的的保险；狭义的财产保险则是指以物质财产为保险标的的保险。在保险实务中，后者一般称为财产损失保险。

《中华人民共和国保险法》第九十五条规定："（二）财产保险业务，包括财产损失保险、责任保险、信用保险、保证保险等保险业务……"可保财产，包括物质形态和非物质形态的财产及其有关利益。以物质形态的财产及其相关利益作为保险标的的，通常称为财产损失保险。例如，飞机、卫星、电厂、大型工程、汽车、船舶、厂房、设备以及家庭财产保险等。以非物质形态的财产及其相关利益作为保险标的的，通常是指各种责任保险、信用保险等。例如，公众责任、产品责任、雇主责任、职业责任、出口信用保险、投资风险保险等。但是，并非所有的财产及其相关利益都可以作为财产保险的保险标的。只有根据法律规定，符合财产保险合同要求的财产及其相关利益，才能成为财产保险的保险标的。

2. 财产保险费的计算

财产保险费的构成同其他险种保险费构成一样，是由一定的保险金额，一定的保险费率，一定的保险期限构成，其计算公式为：

商业财产保险费 = 保险金额 × 保险费率 × 保险期限

保险费的数额与保险金额大小、保险费率的高低、保险期限的长短成正比例。保险金额越大、保险费率越高、保险期限越长，则保险费越多。

商业财产保险费计算方法：

（1）单一折算法　将保险金额乘以保险费率，即得应收年保险费，其计算公式为：

商业财产应收年保险费 = 保险金额 × 年保险费率 × 期限

（2）复式计算法　在单一计算法基础上考虑其他因素综合计算应收保险费的方法，其计算公式为：

应收保险费 = 基本保险费 + （保险金额 × 保险费率） + 第三责任保险固定保险费

3. 家庭财产保险

（1）家庭财产保险概念

家庭财产保险简称家财险，是以城乡居民的有形财产为保险标的的一种保险，是个人和家庭投保的最主要险种之一。

被保险人所有、使用或保管的、坐落于保险单列明的地址的房屋内的财产，可以约定范围向保险人投保家庭财产保险。家庭财产保险为居民或家庭遭受的财产损失提供及时的经济补偿，有利于居民生活安定，保障社会稳定。

（2）家庭财产保险分类

1）普通型家庭财产保险。普通家庭财产保险是采取交纳保险费的方式，保险期限为 1 年，从保险人签发保单零时起，到保险期满 24 时止。没有特殊原因，中途不得退保。保险期满后，所交纳的保险费不退还，继续保险需要重新办理保险手续。普通家庭财产险的保险期限为 1 年，即从保单签发日零时算起，到保险期满日 24 时为止。

根据保险责任的不同，普通家庭财产险又分为灾害损失险和盗窃险两种。

灾害损失险的保险标的包括被保险人的自有财产、由被保险人代管的财产或被保险人与他人共有的财产。通常包括日用品、床上用品；家具、用具、室内装修物；家用电器，文化、娱乐用品；农村家庭的农具、工具、已收获入库的农副产品等。有些家庭财产的实际价值很难确定，如金银、珠宝、玉器、首饰、古玩、古书、字画等，这些财产必须由专业鉴定人员进行价值鉴定，经投保人与保险人特别约定后，才作为保险标的。

盗窃险的保险责任指在正常安全状态下，留有明显现场痕迹的盗窃行为，致使保险财产产生损失。除自行车、助动车以外，盗窃险规定的保险标的的范围与家庭财产、灾害损失险完全一样。

对于由被保险人及其家庭成员、家庭服务人员、寄居人员的盗窃或纵容行为造成的损失以及如房门未锁、门窗未关等非正常安全状态下的失窃损失，保险人均不承担赔偿责任。盗窃险保险金额的确定以及保险期限的规定，均与灾害损失险相同。

2）到期还本型家庭财产保险。又称作家庭财产两全险，是一种具有经济补偿和到期还本性质的险种。它与普通家庭财产保险不同之处仅在于保险金额的确定方式上。

家庭财产两全险采用按份数确定保险金额的方式：城镇居民每份 1 000 元，农村居民每份 2 000 元，至少投保 1 份，具体份数多少根据投保财产的实际价值而定。投保人根据保险金额一次性交纳保险储金，保险人将保险储金的利息作为保费。保险期满后，无论保险期内是否发生赔付，保险人都将如数退还全部保险储金。

3）利率联动型家庭财产保险。随着物价指数的上涨和央行不断升息，人们对保险保障提出了更高的要求。利率联动型家庭财产保险应运而生。投保此类险种除拥有相应的保障责任外，如遇银行利率调整，随一年期银行存款利率同步、同幅调整，分段计息，无论是否发生保险赔偿，期满均可获得本金和收益。

延伸阅读 农村家庭更应投保家财保险

——台风暴雨过后的警示

不仅是城镇家庭需要投保家财险，农村家庭更应投保家财保险。农村的房屋大多抵御侵袭的能力都不强，从这次台风受损影响中就能看出来，所以在农村为房屋投保一份保险很重要。很多人可能会觉得，农村的房子不用担心被偷被抢，几乎家家户户都有看家护院的家犬，所以不会面临什么财产损失，但这往往忽略了可能面临的大风险——房屋受损问题。农村很多房屋都是自家盖建的，所以在抵御风险能力上会逊色一些，如果遭遇到地震、台风等自然灾害，很容易受到侵袭，所以应该使农民增强投保家财保险的意识，以免在意外发生后损失巨大。

农村家财保险投保和正常的家财险投保没有区别，比如“平安家庭财产保险”就非常适合农村家庭投保，它可以保障房屋的意外损害、房屋装修的损伤以及室内财产的损失。投保的时候首先要登录平安保险商城，找到家庭财产保险之后选择房屋的市值，比如100万元以下，然后就可以进行保费测算。这期间可以选择平安推荐的保险套餐，也可以自由制定。如果只投保100万元的房屋保险，全年保费只要30元。现在自然灾害越来越频繁，花几十元能获得上百万的保障，何乐而不为呢！

台风“山神”给受灾地区带来严重的损失，截至11月1日，海南省紧急转移安置人口5.2万人，倒塌房屋727间，一般损坏房屋 1 213 间，严重损坏房屋 1 320 间。

在这次的台风中，损失最严重的就要数当地农民，不仅仅面临农作物绝收，房屋坍塌无处安身更是大问题，所以为家庭准备一份农村家财保险十分重要。

（3）农村家庭财产保险范围

1）家庭财产保险可保财产：自有居住房屋；室内装修、装饰及附属设施；室内家庭财产。

2）家庭财产保险特保财产：农村家庭存放在院内的非动力农机具、农用工具和已收获的农副产品；个体劳动者存放在室内的营业器具、工具、原材料和商品；代他人保管的财产或与他人共有的财产；须与保险人特别约定才能投保的财产。

3）家庭财产保险不保财产：金银、珠宝、首饰、古玩、货币、古书、字画等珍贵财物（价值太大或无固定价值）；货币、储蓄存折、有价证券、票证、文件、账册、图表、技术资料等（不是实际物资）；违章建筑、危险房屋以及其他处于危险状态的财产；摩托车、拖拉机或汽车等机动车辆，寻呼机、手机等无线通信设备和家禽家畜（其他财产保险范围）；食品、烟酒、药品、化妆品，以及花、鸟、鱼、虫、树、盆景等（无法鉴定价值）。

（4）农村家庭财产保险保险责任

保险财产在保险单列明的地址由于下列原因造成的损失，负责赔偿：

· 火灾、爆炸；

· 雷击、冰雹、雪灾、洪水、崖崩、龙卷风、冰凌、泥石流和自然灾害引起地陷或下沉；

· 空中运行物体坠落、外界物体倒塌；

· 暴风或暴雨使房屋主要结构（外墙、屋顶、屋架）倒塌；

· 存放于室内的保险财产，因遭受外来的、有明显痕迹的盗窃、抢劫；

· 其他列明的自然灾害：龙卷风、洪水、海啸、地面突然塌陷、崖崩、泥石流、突发性滑坡、雪灾、雹灾、冰凌；

·外界建筑倒塌（保险建筑自行倒塌不赔）；

·暴风、暴雨造成房屋主要结构倒塌；

·施救所致的损失和费用。

（5）农村家庭财产保险赔偿计算

1）全部损失。保险金额等于或高于保险价值时，其赔偿金额以不超过保险价值为限；保险金额低于保险价值时，按保险金额赔偿。

2）部分损失。保险金额等于或高于保险价值时，其赔偿金额按实际损失计算；保险金额低于保险价值时，其赔偿金额按保险金额与保险价值比例计算。

保险的家用电器、床上用品、服装、家具遭受保险责任范围内的损失时，保险公司按照出险当时保险财产的实际价值计算赔偿，但最高不超过保险单分项列明的保险金额。

发生保险事故时，被保险人所支付的必要的、合理的施救费用的赔偿金额在保险财产损失以外另行计算，最高不超过保险金额，若受损保险财产按比例赔偿时，该项费用也按相同比例进行赔偿。

发生保险责任范围内的损失后，应由第三者赔偿或牵涉到第三者责任的，被保险人可以向保险公司或第三者索赔。被保险人如向保险公司索赔，应自收到赔款之日起，向保险公司转移向第三者代位索赔的权利。在保险公司行使代位索赔权利时，被保险人应积极协助，并向保险公司提供必要的文件及有关情况。

保险财产遭受部分损失经保险公司赔偿后，保险合同继续有效，但其保险金额相应减少。减少金额由保险公司出具批单批注。被保险人需恢复保险金额时，应补交保险费。

保险事故发生时，如另有其他保险对同一保险财产承保同一责任，不论该保险是否由被保险人或他人以其名义投保，保险公司仅按比例承担赔偿责任。

第五单元
农村家庭投资规划

单元提示

- 掌握投资、投资规划的含义。
- 了解投资目标的确定原则、分类和影响因素。
- 熟悉农村家庭投资规划的设计。
- 熟练使用各类投资工具，包括股票、债券、基金、银行理财产品、黄金、网络信贷、余额宝等。

一、投资规划概述

（一）投资、投资规划的含义

投资指的是用某种有价值的资产，包括资金、人力、知识产权等投入到某个企业、项目或经济活动，以获取经济回报的商业行为或过程。按照投资对象，可分为实物投资、资本投资和证券投资。

投资规划是根据家庭的财务状况，为家庭构建投资组合，来帮助家庭赚钱盈利，实现家庭资产的保值增值。投资规划通常针对不同的家庭财务状况、投资目标、风险承受能力来设计，因而具有较为明显的个体性特征，需因人而异。投资规划是理财规划的一个重要组成部分，也是实现其他规划的重要手段，只有实现了财富的增值，才有足够的资金完成购房、养老、教育等规划项目。

延伸阅读　把握中秋时节　巧选理财精品

虽说“节流”是理财的必要手段，但如果不“开源”投资增加收入，我们的资金压力只会越来越大。如何稳守家庭财务大局？在多种投资方式中，银行理财产品以品类丰富、风险明晰、运营稳健而备受青睐，成为家庭理财投资首选。

那么，以稳健为基准，该如何挑选适合自己的投资方式呢？民生银行京汉支行理财师为我们做出几点小提示：

选银行理财产品重点关注风险等级。风险等级是我们判断这款产品是否适合自己资金承受能力的关键。通常理财产品风险等级是根据投资标的风险大小来划分的。民生银行将理财产品进行了五级分类，一级风险最小、收益相对最低，五级风险最大、收益相对也最高。通常，二级、三级风险的产品最受投资者欢迎。

买银行理财产品要抓住销售时点。节日或季度的交替时段往往是银行理财产品销售的黄金时期，产品线更为丰富、不乏投资精品，投资者可选面更广。

关注限量发行的贵金属投资品。银行发行的贵金属产品相比工艺品在保值增值方面优势更明显。

（二）投资目标

从根本上讲，农村家庭之所以进行投资规划是要满足一定的生活需求。对于自身家庭投资需求的了解和投资目标的确定，有助于帮助自己的家庭制定有效的、适合自身情况的投资规划方案，并且有助于投资资金的合理分配。因此，农村家庭应针对家庭现在的情况，确定适合自身的投资目标。

投资目标是一个比较明确的方向，我们在确定投资目标时需要将模糊的、混合的目标逐步清晰化、详细化、具体化，从而提出明确的需求目标。我们在清晰化投资目标时，需要做到：首先，将需求按时间长短分为短期需求、中期需求、长期需求。它们的期限分别为 1 年、1 ~ 10 年、10 年以上。如购买手机或省内旅游是短期需求，3 年后买房、买车是中期需求，10 年以后为孩子上大学支付教育费用是长期需求。其次，对不同的需求的重要性进行排序。再次，对不同的需求满足需要的资金数额和时间进行确认。

1. 确定投资目标的原则

（1）投资目标要具有现实可行性　投资目标是制定投资规划的基础，所以，家庭的投资目标必须具有现实可行性。例如，农户目前可用于投资的资金是 10 000 元人民币，他的投资目标是年底用该笔投资购入 200 000 元的小汽车，这显然是不现实的。

（2）投资目标要具体明确　没有明确的投资目标，投资规划是不可能成功的。因此，在确定投资目标的时候要尽可能地具体化。例如，投资目标可以是“5 年后购买价值 10 万元的别克轿车”而不应该是笼统地“买豪车”。

（3）投资期限要明确　投资期限很大程度影响到投资目标的设定，而投资目标的设定又决定着投资组合的选择、投资规划的制定。

（4）投资目标的实现要有一定的时间弹性和金额弹性　由于投资规划本身就具有一定的预测性质，投资规划目标的实现会存在一些时间和金额的不确定性，因此在制定投资目标时，一定要留有余地和灵活性，时间上和金额上一定要有宽裕，而非必须达到。

（5）投资目标要与其他目标相协调，避免冲突　一个目标也有可能涉及多个相关规划，例如，客户的购车目标，可能需要涉及客户的消费支出规划、投资规划、税收规划等。因而，在制定规划目标的时候，各个规划要相互协调，不能只为某一项规划独立地设定目标而忽视与其他规划的配合。

（6）投资规划目标要兼顾不同期限和先后顺序　在区分短期、中期、长期投资目标的基础上，应该结合客户的具体情况对客户投资目标按照重要程度和紧迫程度进行重新排列，从而在投资规划中确定实现投资目标的步骤。

2. 投资目标的分类

投资目标指通过投资规划所要实现的目标或者期望。投资目标往往是要实现或者达到生活的某个具体的目标。投资目标按照实现的时间进行分类，可以划分为短期目标、中期目标和长期目标。

短期目标是指在短期内（1 年内）就要实现的目标。短期目标一般需要每年或每 2 年修改一次，如休闲旅游、购买手提电脑等。对于短期目标，一般应该采用现金或者现金等价物的形式投资。

中期目标是指一般要 1～10 年才能实现的目标。中期目标可以进一步细分，通常 2 年之内仍可视为短期目标，2～5 年可视为中短期目标，5～10 年可视为中长期目标。中期目标制定后，一般不进行频繁的修改，只在必要的情况下才进行调整。比如，孩子 10 年后大学教育费用的积累，安排 20 年后养老金的投资问题等。对于中期投资目标，农户家庭要从成长性和收益率兼顾的角度来考虑投资策略。

长期目标是指一般需要 10 年以上的时间才能实现的目标。如 30 岁的客户设定的养老保障目标。对于长期投资目标，应着眼于资本市场的长期趋势，而非短期波动。对于长期投资目标，应在资产配置上侧重于长期增值潜力大的投资品，如股票、不动产、艺术和收藏品等。

短期目标、中期目标和长期目标之间的界限并不是绝对的。特别是短期目标和中期目标之间，界限更不是特别明显。此外，相同的投资目标对于不同的客户其分类也可能会不同。如购买汽车对于一个刚结婚的农户家庭来说可能是中期目标，而对于一个中年农户家庭而言，可能就是一个短期目标。

3. 投资目标的影响因素

在制定投资目标之前，农户要明确存在约束的条件，这样制定的投资规划更具有可行性。它包括流动资产期限、税收状况以及各自独特的需求。

（1）流动性约束　农户家庭在进行投资时，必须考虑将来什么时候需要多少现金，根据需要现金的时间和现金的额度，确定投资的期限长度和投资对象。如农户为子女大学教育费用进行投资，投资的期限就是距离子女上大学的时间，投资的对象要求稳定性较高的基金或国债，投资的额度是大学的学费和生活费用总和。

（2）投资的可行性　市场上金融产品繁多，投资的选择也就多了，出于竞争，许多金融机构推出的金融产品要求不同。如一些证券公司和信托公司设立的集合资金信托计划收益高，要求资产规模 100 万元以上；一些银行集合理财产品不能提前赎回，投资额度为 5 万元或 30 万元的起点；资产支持证券和银行间市场的产品个人是无法购买的。因此，必须考虑到投资产品的可得性。

（3）税收状况　在对投资决策的结果进行评价时，应该以税后收益率来衡量。对于面临较高税率的投资者而言，采取适当的投资策略以达到合理避税和延迟纳税的目的。

（4）宏观经济形势分析　投资活动本身就要受到诸多宏观变量的影响，

在进行宏观经济分析时，需要从以下几个方面分析：关注经济统计信息，掌握实时的经济运行变动情况，了解宏观经济发展的总体走向，根据经济发展趋势做出正确的投资决策；密切关注各种宏观经济因素，如利率、汇率、税率的变化，抓住最有利的投资机会；对各项宏观指标的历史数据和历史经验进行分析，关注财政预算报告，分析收支变化，掌握财政政策意图，以此作为未来投资的经济背景；关注政府及科研机构的分析、评论，判断财政政策的作用效果以便掌握宏观经济政策对投资行为、储蓄行为以及金融市场的影响，从而提出符合实际的投资规划建议。

（三）如何设计农村家庭投资规划

农村家庭在为自己设计整个投资规划时，需要逐步明确以下五个问题：

1. 风险承受能力分析

在进行规划前，农户首先需要分析自己家庭中各方面的信息，尤其是与投资规划相关的信息，准确地判断现在家庭的资金量有多少、风险承受能力有多强、投资偏好等情况，确定家庭可以用于投资的资金的数量，投资赚钱的主要用途，从而帮助明确家庭的投资目标。对于农村家庭的风险承受能力的评估，可以通过以下的表格来划分，该表格是以家庭经济支撑者的指标填写的。

风险承受能力总分（100 分）= 年龄因素分数（50 分）+ 其他因素分数（50 分）

家庭风险承受能力评估表

分数	10 分	8 分	6 分	4 分	2 分
就业状况	公教人员	上班族	佣金收入者	自营事业者	无业
家庭负担	未婚	双薪无子女	双薪有子女	单薪有子女	单薪养三代
贷款状况	投资不动产	无贷款	车房贷 < 50%	车房贷 > 50%	无自宅
投资经验	10 年以上	6 ~ 10 年	2 ~ 5 年	1 年以上	无
投资知识	有专业执照	财经专业毕业	自修，有心得	懂一些	一片空白

年龄因素：总分 50 分，25 岁以下者 50 分，每多 1 岁减 1 分，75 岁以上 0 分；其他因素：就业状况、家庭负担、置业状况、投资经验、投资知识

各10分。

通过评估，可以将家庭划分为保守型、轻度保守型、中立型、轻度进取型、进取型五大类。风险承受能力评估表满分为100分，0～20分的家庭为保守型，20～40分的家庭为轻度保守型，40～60分的家庭为中立型，60～80分的家庭为轻度进取型，80～100分的家庭为进取型。根据不同的家庭风险承受类型可以购买的金融资产的种类和组合不同，这样才能更好地为家庭量身定做投资规划方案。

2. 资产配置

资产配置主要根据家庭的投资目标和对风险收益的要求，将资金在各种类型资产上进行分配，确定用于投资于各类资产的资金比例。在对家庭风险承受能力方面了解清晰之后，同时还需要根据家庭实际情况综合客户的风险特点进行投资规划，未来有一个预测和判断。例如，根据家庭的承受能力来看，某农户家庭自身的财务状况，虽然能够承担较大的风险来获得较高的投资收益，但家庭经济支柱的年龄45岁，孩子马上就要上大学，父母健在均年事已高，没有充足的医疗和养老保险，这种情况下在制定投资规划确定投资组合的时候就要选择一个适中的投资风险水平。

客户资产配置比例

类型	资产组合	增值潜力
保守型	高风险性资产：30%以下 稳定性资产：70%以上	资产增值的可能性较小
轻度保守型	高风险性资产：30%～50% 稳定性资产：50%～70%	资产有一定的增值潜力
中立型	高风险性资产：50%～70% 稳定性资产：30%～50%	资产有一定的增值潜力，资产价值也有一定的波动
轻度进取型	高风险性资产：70%～80% 稳定性资产：20%～30%	资产有较大的增值潜力，但资产价值波动较大
进取型	高风险性资产：80%～100% 稳定性资产：0～20%	资产增值潜力很大，资产价值的波动很大

在进行资产配置时，分两类配置方式：首先，是战略资产配置。主要是指在较长的投资期限内，根据各资产类别的风险和收益特征以及投资者的投资目标，确定资产在证券投资、产业投资、风险投资、房地产投资、艺术品投资等方面应该分配的比例，即确定最能满足投资者风险—回报率目标的长期资产混合。其次，是战术资产配置，即根据市场具体情况，对资产类别混合做短期的调整。战略资产配置和战术资产配置的期限长短是相对而言的，通常认为战术资产配置短于两年。实际操作中，主要根据农户的投资目标来配置资产。

3. 证券选择

农民家庭要对市场上可以选择的证券类投资工具进行分析，然后根据家庭情况，确定各类证券的投资比例，确定出合适的投资组合，在确定组合时关键要掌握各种投资工具的风险收益情况，再进行合理规划。具体说来，目前中国市场上可用的证券投资工具主要有股票、债券、基金、衍生产品、外汇、黄金等。

4. 投资实施

农民家庭一旦制订了投资规划方案，就要将此方案实施执行。在长期的实施过程中，一方面要注意根据市场环境的变化，及时对投资组合进行调整。例如，股票市场进入熊市，就应减少股票的买入，多持有债券等稳定收益的产品。另一方面要对投资进行风险管理。因为财务安全是投资过程中必须始终坚持的一个原则，要时刻关注投资的风险状况，以免产生难以应对的后果。

5. 投资评价

投资规划是一个需要不断修正改进的循环过程。每一个投资规划方案付诸实施后都需要对其实施的效果进行评价。具体的投资评价指标就是投资组合的风险和收益，农民家庭可以通过一段时间的投资后，大致判断风险大还是收益大，我们要持有收益大于风险的产品，卖出风险大于收益的产品。也可以对投资规划是否实现投资目标进行判断，对相关原因进行分析，并在此基础上对投资规划方案进行调整。

二、投资工具

（一）农民专业合作社入股

1. 农民专业合作社的定义和特征

（1）定义　农民专业合作社是在农村家庭承包经营基础上，同类农产品的生产经营者或者同类农业生产经营服务的提供者、利用者，自愿联合、民主管理的互助性经济组织。农民专业合作社以其成员为主要服务对象，提供农业生产资料的购买，农产品的销售、加工、运输、贮藏以及与农业生产经营有关的技术、信息等服务。至2015年，全国农民专业合作社超过90余万家，合作社如何起步经营，成为越来越多合作社在实践中探索的问题。

（2）特征　自愿、自治和民治管理是合作社制度最基本的特征。合作社作为一种独特的经济组织形式，其内部制度与公司型企业相比有着本质区别。股份公司制度的本质特征是建立在企业利润基础上的资本联合，目的是追求利润的最大化，“资本量”的多寡直接决定盈余分配情况。在合作社内部，起决定作用的不是成员在合作社中的“股金”，而是“交易”。合作社的主要功能是为社员提供交易上所需的服务。合作社与社员的交易不以营利为目的。合作社的盈余，除了一小部分留作公共积累外，大部分要根据社员与合作社发生的交易额的多少进行分配。按股分红与按交易额分红相结合，以按交易额分红为主，是合作社分配制度的基本特征。当然，合作社与其他经济主体的交易也是以营利为目的的。

综上所述，农民专业合作社的基本特征是：①在组织构成上，合作社以农民作为经济主体，主要由进行同类农产品生产、销售等环节的公民、企业、事业单位联合而成，农民至少占成员总人数的80%，从而构建了新的组织形式；②在所有制结构上，合作社在不改变家庭承包经营的基础上，实现了劳动和资本的联合，从而形成了新的所有制结构；③在收益分配上，合作社对内部成员不以营利为目的，将利润返还给成员，从而形成了新的收益分配制度；④在管理机制上，合作社实行入社自愿，退社自由，民主选举，民主决策等原则，建构了新的经营管理体制。

2. 农民专业合作社的运作原则、入股成员的权利与义务

（1）运作原则　农民专业合作社主要遵循的原则：成员以农民为主体；以服务成员、谋求全体成员的共同利益为宗旨；入社自愿、退社自由；成员地位平等，实行民主管理；盈余主要按照成员与农民专业合作社的交易量（额）比例返还；农民专业合作社对由成员出资、公积金、国家财政直接补助、他人捐赠以及合法取得的其他资产所形成的财产，享有占有、使用和处分的权利，并以上述财产对债务承担责任；农民专业合作社成员以其账户内记载的出资额和公积金份额为限对农民专业合作社承担责任；国家通过财政支持、税收优惠和金融、科技、人才的扶持以及产业政策引导等措施，促进农民专业合作社的发展。

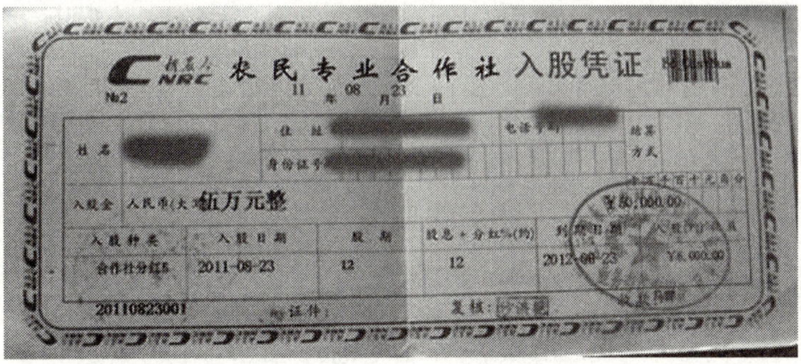

（2）入股成员的权利与义务

作为入股的农民专业合作社成员享有下列权利：

· 参加成员大会，并享有表决权、选举权和被选举权，按照章程规定对本社实行民主管理，选举和表决时实行一人一票制，成员各享有一票的基本表决权。

·利用本社提供的服务和生产经营设施。

·按照章程规定或者成员大会决议分享盈余。

·查阅本社的章程、成员名册、成员大会或者成员代表大会记录、理事会会议决议、监事会会议决议、财务会计报告和会计账簿。

·出资额或者与本社交易量（额）较大的成员按照章程规定，可以享有附加表决权。本社的附加表决权总票数，不得超过本社成员基本表决权总票数的20%。享有附加表决权的成员及其享有的附加表决权数，应当在每次成员大会召开时告知出席会议的成员。

（3）章程规定的其他权利。

农民专业合作社成员承担下列义务：

·执行成员大会、成员代表大会和理事会的决议。

·按照章程规定向本社出资。

·按照章程规定与本社进行交易。

·按照章程规定承担亏损。

·章程规定的其他义务。

·农民专业合作社成员要求退社的，应当在财务年度终了的3个月前向理事长或者理事会提出；其中，企业、事业单位或者社会团体成员退社，应当在财务年度终了的6个月前提出；章程另有规定的，从其规定。退社成员的成员资格自财务年度终了时终止。

·成员在其资格终止前与农民专业合作社已订立的合同，应当继续履行；章程另有规定或者与本社另有约定的除外。

·成员资格终止的，农民专业合作社应当按照章程规定的方式和期限，退还记载在该成员账户内的出资额和公积金份额；对成员资格终止前的可分配盈余，按照规定向其返还。

·资格终止的成员应当按照章程规定分摊资格终止前本社的亏损及债务。

在财务上，农民专业合作社的理事长或者理事会应当按照章程规定，组织编制年度业务报告、盈余分配方案、亏损处理方案以及财务会计报告，于成员大会召开的15日前，置备于办公地点，供成员查阅。

农民专业合作社可以按照章程规定或者成员大会决议从当年盈余中提取公积金。公积金用于弥补亏损、扩大生产经营或者转为成员出资。每年提取的公积金按照章程规定量化为每个成员的份额。在弥补亏损、提取公积金后的当年盈余，为农民专业合作社的可分配盈余。

可分配盈余按照下列规定返还或者分配给成员，具体分配办法按照章程规定或者经成员大会决议确定：按成员与本社的交易量（额）比例返还，返还总额不得低于可分配盈余的60%；按前项规定返还后的剩余部分，以成员账户中记载的出资额和公积金份额，以及本社接受国家财政直接补助和他人捐赠形成的财产平均量化到成员的份额，按比例分配给本社成员；设立执行监事或者监事会的农民专业合作社，由执行监事或者监事会负责对本社的财务进行内部审计，审计结果应当向成员大会报告。

农民专业合作社应当为每个成员设立成员账户，主要记载下列内容：该成员的出资额、量化为该成员的公积金份额、该成员与本社的交易量（额）。

（二）股票

1. 股票的定义、性质和特征

股票是一种有价证券，是股份有限公司在筹集资本时向出资人公开发行的，代表持有人（即股东）对公司的所有权，并根据所持有的股份数依法享有权益和承担义务的可转让的书面凭证。股票是一种有价的、要式的、证权性、资本性、综合权利证券。它具有收益性、风险性、流通性、不可偿还性、参与性的特点。

2. 股票的分类

按股东权利，股票分为普通股和优先股；按是否记载股东姓名，股票分为记名股票和不记名股票；按股票发行地点不同，分为A股、B股、H股、N股、S股等；按照风险和收益标准分为蓝筹股、绩优股、垃圾股；按照受经济周期的影响不同分为周期型股票和防守型股票。

3. 股票的发行与交易

（1）股票发行与交易市场

按股票的交易方式划分，股票市场可以分为一级市场和二级市场。

一级市场又称股票的初级市场，即发行市场。在一级市场中，资金筹集者按照一定的法律规定和发行程序通过发行股票来筹集资金，投资者通过认购股票成为公司的股东。

二级市场也称流通市场，是进行股票买卖交易的场所。已发行的股票在投资者之间进行转让，必须通过二级市场交易，以维持股票的流动性。交易价格由市场竞价形成。上海证券交易所和深圳证券交易所属于二级市场。

（2）新股申购

新股申购的流程包括：

1）投资者申购。申购当日（T+0），投资者按委托买入股票的方式，以发行价格填写委托单，缴足申购款，进行申购委托，并由证券交易所反馈申购受理情况。

2）申购资金冻结、验资和配号。申购日后的第一个交易日（T+1），由证券交易所的登记结算公司将申购资金冻结在申购专户内，并由会计师事务所出具验资报告，对有效申购按照先后顺序进行配号。

3）摇号抽签、中签处理。申购日后第二个交易日（T+2），主承销商将在此日组织摇号抽签，由交易所电脑主机自动按每500股或1 000股确定为一个申购号，公布确定的发行价和中签号，并规定进行中签处理。

4）申购资金解冻。申购日后第三个交易日（T+3），主承销商公布中签结果，对于未中签部分的申购款由证券登记结算公司予以解冻，划付给主承销商，包括利息退还给客户。

5）结算与登记。申购日后第四个交易日（T+4），主承销商将收到的认购款项资金，扣除承销费用后，划转到发行人指定的银行账户。股票发行筹资活动结束。

（3）股票的交易

股票交易主要是指证券投资者通过经纪人在交易所买卖股票的交易，要经过证券经纪关系的确立、开户、委托、竞价成交、清算交割、过户等程序。

1）证券经纪关系的确立。按我国现行的做法，投资者入市进行证券委托买卖，应事先与证券经纪商建立特定的经纪关系。这一关系的建立过程包括签署《风险揭示书》和《客户须知》，签订《证券交易委托代理协议》。这是接受具体委托之前的必要环节，经过这个环节就意味着证券经纪商与投资者之间建立了经纪关系。

2）开户。开立上海证券账户、深圳证券账户、资金账户，分别用于证券和资金的存放、结算。开立证券账户时，投资者需要持有有效的身份证明去证券公司，填写开户登记表，审核后领取证券账户。开立资金账户时，需出具本人身份证、证券账户卡，填写开户申请表，并预设交易密码和资金存取密码。在证券公司目前全面实施“客户交易结算资金第三方存管”的制度下，投资者在开立资金账户时，需要与证券公司和选定的商业银行（作为该证券公司客户交易资金的存管银行）三方共同签署客户交易结算资金银行存款协议书。

3）委托买卖。委托买卖是指证券经纪商接受投资者委托，代理投资者买卖证券，从中收取交易佣金的行为。

投资者在向证券经纪商委托时，须填写或输入买卖委托指令。委托指令包括以下基本要素：委托人姓名、身份证号码、证券账号或资金账号、日期、买卖方向、证券名称或代码、数量、价格、时间、有效期、签名或盖章。我国在进行证券委托时，委托数量分为整数委托和零数委托。对于股票买入申报数量应为100股的整数倍，即整数委托；在卖出时，才有零数委托，但必须将账户中的零数一次卖完。目前我国证券交易所只接受会员的限价委托。限价委托时必须填清楚委托买入或卖出的具体价位或限价幅度，申报价格最小变动单位为0.01元人民币。我国现行规定的委托有效期为当日有效。

投资者发出委托指令的形式有柜台委托和非柜台委托两大类。非柜台委托包括电话委托、传真委托、电函委托、自助终端委托、网上委托、手机委托等形式。

证券营业部在收到投资者委托后，对委托人身份、内容、数量、资金余额审查，审查通过后才能执行委托。在委托未成交之前，委托人有权变更或撤销委托。

4）竞价成交。竞价原则采用“价格优先，时间优先”原则。价格优先即价格较高的买入申报优于价格较低的买进申报，价格较低的卖出申报优于价格较高的卖出申报；市价买卖申报优于限价买卖申报。时间优先即同价位申报，依照申报时序决定优先顺序，即买卖方向、价格相同的，先申报者优先于后申报者。

我国证券交易所采用两种竞价方式：集合竞价方式和连续竞价方式。

集合竞价，是指对在规定的一段时间内接受的全部买卖申报进行一次性集中撮合处理的竞价方式。在两大证券交易所，交易所主机在每一营业日9：15~9：25期间进行，在此期间电脑自动撮合系统只贮存委托而不撮合。在9：25一瞬间，系统根据输入的所有买卖盘而产生开盘参考价，继而将能够成交的委托以此参考价为成交价全部撮合成交。这一处理过程称为集合竞价。

连续竞价是指对买卖申报逐笔连续撮合的竞价方式。上海证券交易所，每个交易日9：30~11：30、13：00~15：00为连续竞价时间，深圳证券交易所在14：57~15：00是收盘集合竞价时间。

根据现行制度规定，无论买入或卖出，股票、基金类证券在1个交易日内的交易价格相对上一交易日收市价格的涨跌幅度不得超过10%，其中ST股票和*ST股票价格涨跌幅比例都为5%。

竞价的结果有三种可能：全部成交、部分成交、不成交。

5）清算与交收。证券清算业务，是指在每一营业日中每个结算参与人成交的证券数量与价款分别予以轧抵，对证券和资金的应收或应付净额进行计算的处理过程。证券交收业务，是指结算参与人根据清算的结果在事先约定的时间内履行合约的行为，即买方支付一定款项以获得所购证券，卖方交付一定证券以获得相应的价款。交收的实质是依据清算的结果实现证券与价款的收付，从而结束整个交易过程。

我国目前的交收方式是“T+1”交收，指交易达成后，相应的资金交收与证券交割在成交日的下一个营业日完成。这种交收方式适用于A股、基金、债券、回购交易等。

6）股权过户。股权过户就是股权在投资者之间转移。股权过户有交易过户、非交易过户、账户挂失转户三种情况。

在上述的证券交易程序当中，还需要注意股票交易费用问题。证券交易费用指投资者在委托买卖证券时应支付的各种费用和税收，通常包括佣金、过户费、印花税等。

佣金是投资者在委托买卖证券成交后按成交金额一定比例支付的费用，是证券公司为客户提供证券代理买卖服务收取的报酬。佣金的收费标准因交易品种、交易场所的不同而有所差异，一般不高于3‰，A股、证券投资基金每笔交易佣金不足5元的，按5元收取。

过户费是指委托买卖的股票、基金成交后，买卖双方为变更股权登记所支付的费用。上海证券交易所A股的过户费为成交票面金额的1‰，起点为1元；B股的结算费为成交金额的5‰。深圳证券交易所A股交易免收过户费；B股的交易结算费为成交金额的0.05%，但最高不超过500港元。基金交易目前不收过户费。

印花税计收标准为，A股、B股交易成交金额的1‰单边征收。

4. 股票价格指数

股价指数是将计算期的股票价格与基期股票价格相比较而得出的相对变化数。它是用来描述和反映整个股票市场总体价格水平走势及其变动趋势的指标，同时也是反映一个国家或地区社会经济发展状况的灵敏信号。我国主要的证券价格指数包括上证综合指数、深证综合指数、上证180指数、深证100指数、沪深300指数等。

5. 股票的收益与风险

（1）股票投资的收益　股票投资的收益是指投资者从购入股票开始到出售股票为止整个持有期间的收入，它由股息收入、资本利得和公积金转增收益组成。

（2）股票的风险　股票投资是一种风险性投资，风险是收益的不确定性。股票投资的风险包括系统风险和非系统风险。

系统风险是指由于某种全局性的共同因素引起的投资收益的可能变动，这种因素以同样的方式对所有股票的收益产生影响。这种风险无法消除，投资者无法通过多样化的投资组合进行证券保值，这就是系统风险的原因所在。系统性风险主要包括政策风险、利率风险、购买力风险、经济周期风险。

非系统风险是指只对某个行业或个别公司的股票产生影响的风险，这种风险只影响某一个行业或证券，与市场的其他证券没有直接联系，投资者可以通过分散投资的方法，来抵消该种风险。这就是非系统风险，主要包括经营风险、财务风险、信用风险、道德风险。

6. 股票投资的分析方法

股票投资分析方法主要有两大类，一是基本分析，二是技术分析。

（1）基本分析　基本分析是在对国家经济政策、行业发展状况进行评价和对企业出台的相关融资策略、股利分配政策、经营状况等进行分析的基础上，得出股票价格的变动趋势。基本分析通常分为宏观经济分析、行业分析和公司分析三个层次。

第一，宏观经济分析。宏观经济分析是全局性分析，需要从以下五个方面入手：经济周期、通货膨胀、利率汇率水平、财政政策、货币政策。

第二，行业分析。行业分析是介于宏观经济分析和公司分析之间的中观层次分析。着重关注以下三个方面：行业和市场类型、行业的生命周期、产业政策和社会倾向对行业的影响。

第三，公司分析。公司分析是最微观的分析，是对公司内部财务的分析。主要分析以下方面：财务状况变动趋势分析、偿债能力分析、营运能力分析、企业获利能力分析、投资者获利能力分析。

（2）技术分析　技术分析以预测市场价格变化的未来趋势为目的，通过分析历史图表对市场价格的运动归纳总结典型的行为，据以预测股票市场未来的变化趋势。技术分析理论和方法均建立在三个基本假设的基础上：市场行为涵盖一切信息；价格会沿着一定的趋势移动；历史会在相似的情况下重演。在这个前提下，技术分析包含技术分析理论和技术分析指标两大内容。这两大内容都是对价、量、时、空四个基本要素进行研究和分析的。

第一，技术分析理论。技术分析理论包括道氏理论、K线理论、切线理论、形态理论和波浪理论。

第二，技术分析指标。技术分析指标包括移动平均线、相对强弱指标、随机指标、威廉指标、动向指标、乖离率、心理线等指标。通过这些指标的运用，可以判断分析量价关系，对未来股票的走势做出研判。

基本分析是股市波动成因分析，技术分析是挖掘股价自身的变化规律；基本分析属于定性分析，技术分析更重视定量分析；基本分析是长线投资分析，技术分析是短线投资分析。通过两种分析的有效结合，才能对股票进行更加精准、全面的判断和预测。

（三）债券

1. 债券的概念、特点和票面要素

（1）债券的概念及特点　债券是发行人依照法定程序发行，并承诺按一定利率定期支付利息并到期偿还本金的债权债务凭证。它是反映发行者和投资者之间债权债务关系的法律凭证。

债券具有四个特点：偿还性、流动性、安全性、收益性。

（2）债券的票面要素　债券的票面要素包括：票面价值、偿还期限、票面利率、发行者名称。

债券的票面价值简称面值，是指债券发行时所设定的票面金额，它代表着发行人借入并承诺未来某一特定日期偿付给债券持有人的金额。目前，我国发行的债券一般是每张面值为100元人民币。

债券的偿还期限简称为期限，对于债券投资者而言，更重要的是从债券购买日起至债券到期日为止的期限长度，即债券的剩余期限。

债券的票面利率是指债券每年支付的利息与债券面值的比例。投资者获得利息就等于债券面值乘以票面利率。利率高低受资金市场利率水平、筹资者资信、债券期限长短等因素影响。

债券发行者名称指明了债券的债务主体，为债权人到期要求本金和利息提供了依据。除此之外，部分债券附有还款付息方式、提前赎回条款等内容。

2. 债券的类型

按照发行主体不同，分为政府债券、金融债券、公司债券、国际债券。按债券偿还期限，分为短期债券、中期债券和长期债券。按照利息支付方式，分为附息债券和零息债券。按照债券的计息方式，分为固定利率和浮动利率债券。按照形态划分，分为实物债券、凭证式债券和记账式债券。

3. 债券的价格、收益和风险

（1）债券的价格种类　债券价格主要包括票面价格、发行价格、市场价格三类。票面价格指每张债券的面值，是写在券面上的。它与票面利率的乘积就是投资者的利息收入。发行价格就是债券第一次发售的价格，它分为平价发行价格、溢价发行价格、折价发行价格。发行价格的确定，不是在市场上，一般都是发行者根据预期收益率计算出来的。市场价格是指债券在二级市场流通买卖时形成的价格，它是由债券的内在价值即现值决定的，同时直接受市场供求关系的影响。

影响到债券市场价格的因素包括市场利率、债券市场的供求关系、社会经济发展状况、财政收支状况、货币政策、通货膨胀、国际利差和汇率等因素，这些外部因素的波动会影响到债权人的收益情况。

（2）债券的收益　债券投资的收益来自以下几个部分：利息收入、利息的再投资收入、资本利得。

利息收入是债券投资收入最基本的组成部分，对于固定利率债券来说，这部分收入是事先确定的，是稳定可靠的。利息再投资收入指债券持有者在持有期间收到的利息收入用于再投资所能实现的报酬。资本利得即债券买卖价差带来的收益或损失。在债券市场上，利率的变动会导致债券价格发生波动，如果投资者中途卖出或买入债券，都会面临因为债券价格的波动而发生投资损益。

在证券市场上，投资者并非根据债券的票面利率做出投资决策，而是在综合考虑债券价格、到期日、利息收入等因素来推断在债券的有效期内获得的全部收益相对于债券价格的百分率。债券收益率有票面收益率、直接收益率、到期收益率、持有其收益率、赎回收益率等。

（3）债券的风险

1）利率风险。利率的变化有可能使债券的投资者面临两种风险：价格风险和再投资风险。

价格风险是指债券的价格与利率变化呈反向变动，当利率上升（下降）时，债券的价格便会下跌（上涨）。利率变动导致的价格风险是债券投资者面临的最主要风险。利息再投资收入的多少取决于再投资发生时的市场利率水平。如果利率水平下降，获得的利息只能按照更低的收益率水平进行再投资，这种风险就是再投资风险。

再投资风险对于债券价格的影响是相反的，当利率下降的时候，债券的价格会上升，资本利得收益增加，再投资收益会下降。

2）信用风险。包括违约风险和降级风险。违约风险是发行者不能按期还本付息的风险；降级风险是评级机构会调低发行人的信用等级，影响到投资者对债券的风险评估，进而使债券价格下降，这种因为信用等级下降带来的风险即降级风险。

3）通货膨胀风险。也称购买力风险，是指由于存在通货膨胀，债券收益贬值所带来的损失。

通过上述对债券股票的比较，发现股票与债券虽然都作为重要的投资产品，但存在着区别，包括发行人不同、证券关系不同、期限不同、价格稳定性不同、风险程度不同、收益主要来源不同等。投资者需要根据自身投资需求，选择适合的产品。

（四）证券投资基金

1. 证券投资基金的概念、特点和当事人

证券投资基金是通过发售基金单位，集中投资者的资金形成独立财产，由基金管理人管理、基金托管人托管、基金持有人持有，按其所持份额享受收益和承担风险的集合投资方式。

证券投资基金有五个特点：集合投资、专业管理；组合投资、分散风险；利益共享、风险共担；严格监管、信息透明；独立托管、保障安全。

证券投资基金的当事人主要有投资人、管理人、托管人。基金投资人是基金份额持有人，是基金资产的最终所有人，可以是自然人，也可以是法人。基金管理人即基金管理公司，负责基金发起设立和经营管理基金的专业机构，它的主要职责是根据委托管理协议，负资拟订基金投资计划，对基金财产投资运作。基金托管人是基金资产的保管人。目前我国的基金托管人是由商业银行来担任，以保证共同基金运作经营与托管分开的原则，负责基金财产的保管、资金划拨、资金清算和财产复核等职能。

2. 证券投资基金的分类

根据投资基金规模和存续期限不同，分为开放式基金与封闭式基金；根据法律形式不同，分为契约型基金与公司型基金；根据募集方式不同，分为公募基金和私募基金；根据投资目标不同，分为成长型基金、收入型基金和平衡型基金；根据投资对象不同，分为股票基金、债券基金、货币市场基金和混合型基金；根据资金的来源和用途不同，分为在岸基金和离岸基金；根据投资理念不同，分为主动型基金和被动型基金。

除了上述基金的传统分类，基金还包括一些创新类型，包括系列基金、保本基金、交易型开放式指数基金（ETF）、联接基金、上市型开放式基金（LOF）、QDII基金等。

3. 基金的净值

对于开放式基金，基金管理公司必须每天公布一次基金单位净值。基金单位净值本质上就是基金的价格，它的高低反映了基金的价格上涨、下跌的情况，反映了基金目前的投资收益情况，投资者应密切注意这一指标。

反映基金的盈利能力的是净值增长率，它指的是基金在某一段时期内（如一年内）价格上涨的百分比，用它来评估基金在某一时期内的业绩表现。基金在每天公布基金单位净值时，也要公布累计单位净值和净值增长率指标。在对基金的业绩进行比较时，更多的是看净值增长率的大小，以此作为判断基金短、中、长期基金业绩优劣的指标。

4. 基金的申购、赎回、交易

（1）封闭式基金的交易　由于封闭式基金只能在二级市场上交易买卖，所以，投资者买卖封闭式基金必须开立深沪证券账户或者深沪基金账户及资金账户。基金账户只能用于基金、国债及其他债券的认购及交易。

封闭式基金的交易时间为每周一至周五，每天 9：30～11：30、13：00～15：00。采取“价格优先、时间优先”的原则。封闭式基金的报价单位为每份基金价格，申报价格最小变动单位为0.001元人民币，买入卖出数量为100份或整数倍，单笔最大数量应低于100万份。封闭式基金的交收同A股一样实行T+1交割、交收。

按照收费标准，我国基金交易佣金不得高于成交金额的0.3%，起点5元，由证券公司向投资者收取。目前，封闭式基金交易不收印花税。

（2）开放式基金的申购、赎回　开放式基金一般是在一级市场买卖。投资者在开放式基金募集期结束后，申请购买基金份额的行为称为申购。投资者要求基金管理人赎回基金份额的行为称为赎回。一般通过基金管理人的直销机构和代销网点（商业银行和证券公司）办理。

1）申购、赎回原则

①“未知价”交易原则。即投资者在申购、赎回时并不能即时获知买卖的成交价格。申购、赎回价格只能以申购、赎回日交易时间结束后，基金管理人公布的基金份额净值为基准进行计算。这与股票、封闭式基金等大多数金融产品按“已知价”原则进行买卖不同。②“金额申购、份额赎回”原则。即申购以金额申请，赎回以份额申请。若投资人在基金合同约定之外的时间提出申请的，基金的申购、赎回价格为下次办理基金份额的申购赎回时间所在开放日的价格。

2）申购费用、赎回费用和销售服务费

开放式基金申购时需要缴纳申购费，但申购费率不得超过申购金额的5%。基金产品同时设置前端收费模式和后端收费模式的。前端收费按申购金额适用不同的费率标准。后端收费方式的投资人根据其持有期限适用不同的后端申购费率标准。对于持有期低于3年的投资人，基金管理人不得免收其后端申购费用。销售服务费是针对不收取申购赎回费的货币市场基金收取的服务费。基金的运作过程如下图所示。

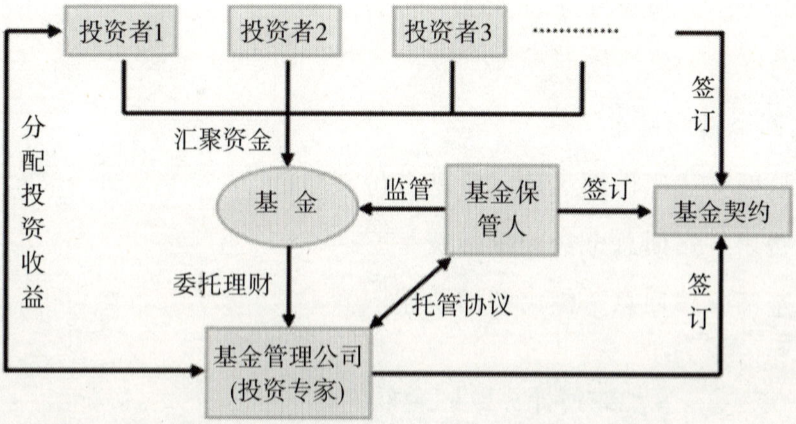

3）申购份额、赎回金额的计算

a. 申购费用及申购份额的计算

净申购金额 = 申购金额/（1 + 申购费率）

申购费用 = 净申购金额 × 申购费率

申购份额 = 净申购金额/申购当日基金份额净值

如何计算申购份额 经典案例

某个基金的申购费率如下表：

申购金额（含申购费）	前端申购费率
100 万元以下	1.5%
100 万元以上（含 100 万元）、500 万元以下	1.2%
500 万元以上（含 500 万元）、1 000 万元以下	0.8%
1 000 万元以上（含 1 000 万元）	每笔 1 000 元

假定 T 日的基金份额净值为 1.200 元，某客户申购金额 100 万元，则申购负担的前端申购费用和获得的基金份额应是多少？

净申购金额 = 1 000 000/（1 + 1.2%） = 988 142.29 元

前端申购费用 = 1 000 000 − 988 142.29 = 11 857.71 元

申购份额 = 988 142.29/1.2 = 823 451.91 份

因此，该客户能够买入的基金份额为 823 451.91 份，申购费用为 11 857.71 元。

b. 赎回金额的确定

赎回总额 = 赎回份额 × 赎回日基金份额净值

赎回费用 = 赎回总金额 × 赎回费率

赎回金额 = 赎回总金额 − 赎回费用

如何计算赎回金额 经典案例

若投资者申购时选择了前端收费模式，某投资者赎回本基金 10 万份基金份额，赎回费率为 0.5%，假设赎回当日基金份额净值是 1.016 元，则其可得到的赎回金额为：

赎回费用 = 100 000 × 1.016 × 0.5% = 508 元

赎回金额 = 100 000 × 1.016 − 508 = 101 092 元

投资者赎回本基金 10 万份基金份额则其可得到的赎回金额为 101 092 元。

5. 基金定投

基金定投是定期定额投资基金的简称，是指在固定的时间（如每月 8 日）以固定的金额（如 500 元）投资到指定的开放式基金中，类似于银行的零存整取方式。适合长期投资目标的规划，比如为 15 年后孩子上大学积累教育资金。基金定投的特点：平均成本、分散风险；适合长期投资；更适合投资新兴市场和小型股票基金；自动扣款，手续简单；强制储蓄，积少成多。

目前，各大银行以及证券公司都开通了基金定投业务，值得一提的是，基金定投的进入门槛较低，例如工商银行的定投业务，最低每月投资 200 元

就可以进行基金定投；农业银行的基金定投业务，最低申购额仅为每月 100 元。

投资者可以在网上进行基金的申购、赎回等所有交易，实现基金账户与银行资金账户的绑定，设置申购日、金额、期限、基金代码等进行基金的定期定额定投。基金定投与普通申购相比较，基金定投比普通的基金申购所需金额低得多，而且每个月的申购金额是固定的；普通申购面临高买低卖的风险，而基金定投的资金按期投入，投资成本较普通申购更为平均。

（五）银行理财产品

银行理财产品是商业银行在针对特定目标客户群开发设计并销售的资金投资产品。商业银行理财业务自 2005 年开办以来发展迅速，2011 年商业银行共发行 8.91 万款理财产品，截至 2013 年 11 月末，全国银行业金融机构理财产品余额达 7.61 万亿元。银行理财产品一般收益稳定，风险较小，适合稳定性投资，但一般投资门槛在 5 万元以上。

银行理财产品主要有四大分类：

1. 按风险和收益特征分类

按风险和收益特征分类，银行理财产品大致可以分为保证收益型产品、保本浮动收益型产品、非保本浮动收益型产品。

保证收益型产品，是指无论投资结果如何，到期银行均向投资者支付本金及固定收益的银行理财产品。这类产品最大的特点为收益固定，不允许投资者提前赎回，但银行可以提前终止产品。因此，投资者存在流动性风险。同时，这类产品一旦成立，收益率就固定下来，即使在产品存续期间通货膨胀率上涨、利率上涨，收益率也不会随之提高，所以，面临着较大的利率风险。保证收益产品包含两类产品：保本固定收益产品和保证最低收益产品。

保本固定收益产品指银行按照合同约定的事项向投资者支付全额本金和固定收益的产品。投资者买这类产品到期获得固定收益，投资风险全由银行承担。

保证最低收益产品指银行按照合同约定事项支付投资者全额本金、最低固定收益以及其他或有投资收益的产品。这类产品主要特点为银行承诺支付最低收益，这部分收益所产生的风险由银行承担；其他或有投资收益则按合同约定进行分配，投资者需承担这部分收益为零的风险。

保本浮动收益型产品是指产品到期后，向投资者保证本金安全，本金以外的投资风险由投资者自担的一类银行理财产品。这里讲的“保证本金安全”，仅是针对持有到期或产品提前终止的情况而言，如果投资者提前赎回，则本金可能发生损失。另外，如果是外币产品，该类产品也不保证兑换成人民币后的本金安全。这种产品面临着市场风险、流动性风险和汇率风险（外币产品）。

非保本浮动收益类产品指商业银行根据约定条件和实际收益水平向投资者支付收益，并不保证投资的收益和本金安全的一类银行理财产品。该类产品的投资风险完全由投资者承担。

一般说来，保证收益型产品的投资风险小于保本浮动收益型产品和非保本浮动收益型产品。但也有特殊情况，如有的结构性产品虽然采用的是保本浮动收益型设计，但由于结构设计不合理，零收益的可能性较大。而有的债券类产品虽然为非保本浮动收益结构，但其收益较稳定，风险较小。

2. 按期限分类

按照期限分类，银行理财产品一般可以分为超短期产品、短期产品、中期产品、长期产品以及开放式产品。

超短期产品是指委托投资期限 1 个月以内；短期产品的委托投资期限

1～3个月；中期产品的委托投资期限是3个月至1年；长期产品的委托投资期限是1年以上；开放式产品可以每天或者在约定的日期申购、赎回。这些产品中，期限越短，流动性风险越小，反之，则流动性风险越大。

3. 按投资方向分类

按投资方向分类，一般可以分为货币市场类产品、资本市场类产品、产业投资类产品。

货币市场类产品投资于同业拆借、票据、短期债券等货币市场；资本市场类产品投资于股票、债券、基金等证券市场；产业投资类产品投资于信贷资产类、股权投资类市场。其风险排序基本与其投资的标的市场风险排序相近，单款产品的风险与投资的具体标的风险相关。

4. 按投资方式与方向分类

按照投资方式与方向不同，可分为债券类产品、银信合作产品、结构型产品、新股申购类产品、QDII产品等。

债券类产品主要投资于国债、央行票据、政策性金融债等非信用类工具，以及投资企业债、企业短期融资券、资产支持证券等信用类工具。它的投资标的风险较低，收益比较固定。适合投资风格较保守的投资者，可以低风险获得较定期储蓄高的收益，也适合做了投资组合的投资者，可用此类产品降低组合风险。

银信合作产品是信托公司通过与银行合作，由银行发售人民币理财产品，募集资金后由信托公司负责投资，主要投资于商业银行或其他信用等级较高的金融机构担保、回购的信托产品或商业银行优良信贷资产收益权信托产品。虽然该类产品不保本，但产品收益较为稳定，风险相对较小。适合追求高收益、有较强风险承受能力的投资者。

结构型产品投资于拆解或组合衍生性金融商品，如股票、利率、指数等，或搭配零息债券的方式组合而成的各种不同回报形态的金融商品。一般不以理财本金作投资，仅用利息部分，大多为100%保本，产品收益与挂钩标的有某种关系，通过公式等反映在合同上。适合追求高收益、有较强风险承受能力的投资者。

新股申购类产品是通过集合投资者资金，以机构投资者身份参与网下申购提高中签率。产品不保本，直接和新股申购获利有关，风险中等。适合想参与股票市场但是又不具备投资资本市场知识或时间或是厌恶炒股风险的投资者。

QDII（Qualified Domestic Institutional Investor，合格境内机构投资者）产品通过取得代客境外理财业务资格的商业银行接受投资者的委托，将人民币兑成外币，投资于海外资本市场，到期后将本金及收益结汇后返还给投资者。产品一般不保本，多为投资港股、欧美股票、商品基金，资金全额投资该类标的，风险相对较大。适合对直接参与海外市场有信心、能够承受本金损失风险的投资者。

银行理财产品的收益率高于银行存款，安全性较高，但流动性较差，面临着利率和汇率的风险。投资者在购买时需要根据自身情况确定产品种类，比如对流动性有不同要求的投资者，可以选择不同期限结构的产品来满足。对流动性要求较高的投资者可以选择开放式产品和期限较短的产品，对流动性要求不太高的投资者可以选择期限较长的产品。另外，对流动性要求较高的投资者还可以选择含有某些条款的产品，如含有提前赎回条款、可质押贷款条款的产品，通过提前赎回、质押贷款等方式获得流动性。

此外，“滚动型产品”每期的投资期限一般较短，投资者在产品到期后，可以选择将资金购买下一期产品，也可以选择将资金提出，比较适合对流动性要求较高的投资者，像中信银行的“月月赢”、招行的“日日金”等产品就属于“滚动型产品”。

(六) 黄金

黄金作为一种全球性资产，能够在上涨和下跌市场中双向操作，较好地抵御通货膨胀，具有较好的保值能力。

1. 黄金投资的主要方式

(1) 实物黄金投资　顾名思义，实物黄金就是有实物黄金交割的黄金投资行为，类似于国内的现货黄金。

1) 实物黄金分类。

a. 金条（金块、金锭）。按照用途和功能的不同，可以分为投资性（标准）金条和纪念性（收藏性）金条。投资性金条，如工商银行发行的如意金条，上海黄金交易所用于个人交易的50克金条和中金公司发行的中金金条等。纪念性金条，如由中国金币总公司发行，上海金币投资有限公司承销的2008“鼠年贺岁”金条和奥运纪念金条等。

b. 金币。同样的道理，金币可以分为投资性金币和纪念性金币。前者比如我国自1982年开始发行至今的熊猫金币。后者比如奥运纪念金币等。

c. 金饰。这类大家都比较熟悉，包括金戒指、项链、吊坠等，但这类的投资意义比金条和金币小得多，更多的是美观和装饰作用。在商场一般分纯金饰品和K金饰品。纯金一般指含金量在99.6%以上，常见的黄金金饰有24K（99.6%）、18K（75%）、14K（58.33%）等。

2) 实物黄金购买渠道。国内实物黄金的购买渠道主要包括以下几个方面：

a. 上海黄金交易所。作为国内最权威的现货黄金交易市场，目前在该所交易的是标准重量为50克、100克、1千克、3千克、12.5千克的金条、金锭和法定金币，标准牌号为Au99.99、Au99.95、Au99.9和Au99.5。但是由于上海黄金交易所实行会员制的组织形式，黄金业务目前还没有直接向个人开放。个人投资者可以通过金交所会员单位进行50克“小黄鱼”实物黄金交易。该渠道特点：千分之一点五的代理手续费太高，不易被回购，但权威认可，质量有保证。

b. 国内的商业银行。可以分为银行自有品牌和代理品牌两类。前者比如中国工商银行的“如意金”，建行的“龙鼎金”。后者则有中国农业银行和招商银行代销“高赛尔金条”、深圳发展银行“聚金宝”代理金交所实物黄金。以中国工商银行“如意金”为例，它是工行成功上市后首次发行和自行设计的具有自身品牌的条块金条。金条成色为AU99.99，规格为50克、100克、200克、500克、1 000克不等。该渠道特点：安全有保障，如不提取实金银行可代为托管（如中国建设银行），但是购买和回购成本较高。比如以中国建设银行龙鼎金投资金条每日售价高于同期国际黄金价格大概16元/克，广州中国建设银行的托管金条，回购时的价差在18元左右。

c. 专业的黄金投资公司。如中金黄金发行的中金金条、山东招金发行的招金金条、浙江中鼎黄金发行的中鼎金条等。该渠道特点：规格成色等鉴定认证仅为该品牌认可，但购买和回购的成本较低（各机构之间仍存在较大差异）。如中金金条交易价格在每周工作日的9：30～15：30参照上海黄金交易所实时金价，投资者购买时加8元每克的手续费；卖出时只需扣除两元的手续费。

d. 各大金店和商场黄金柜台。主要是祖国大陆和香港的各大珠宝首饰的自有知名品牌，一般为黄金饰品居多，也有部分投资性金条。该渠道特点：金饰卖出价格非常高，某品牌的金饰价格要高于上海黄金交易所报价每克50元左右；而回购折价大，只有少数金店回收，一般只回购自己售出的黄金饰品。

e. 典当行。典当行也是一种新兴的购金渠道。主要产品为金条和首饰。比如北京的阜昌典当行和金保典当行等。该渠道特点：价格低于商场售价。

报价差异较大，一般是金交所价格的60%～90%。金条首饰可互换，一般先当金条（首饰），再用当款来购买首饰（金条）。典当纪念性黄金制品折价较大，获利空间小。

投资者购买实物黄金时最好优先选择银行或者交易所自有或者代理的实物黄金，资金安全更有保障，更易流通。实物黄金可以提取实金交割，适合长线投资者，投资者需有战略眼光，如果希望短线投资赚取差价，纸黄金投资更适合。

3）实物黄金投资者注意事项。首先，金饰实物不适合投资。由于金饰品成本要加上征税、制造商、批发零售商的利润，价格要超出金价许多。同时，黄金饰品变现出售时会折价很多。

其次，纪念金币和礼品金条，价值可能会超过本身的铸金价值。一般而言，纪念意义越重大，收藏价值越高，另外，金银币章的收藏最好整套收藏，还有很重要的一点，收藏要有权威性。只有同时具备上述三个条件的纪念金币和礼品金条，才具备投资价值。

最后，投资者在进行黄金实物投资时应选择受法律保护、有明确政策规范的合法投资渠道，以避免不必要的投资损失。目前我国比较安全的黄金投资渠道是商业银行或黄金公司提供的实物黄金业务。

2. 纸黄金

纸黄金是指投资者按银行报价在账面上买、卖“虚拟”的黄金。比如中国银行的“黄金宝”、中国建设银行的“账户金”，即纸黄金。在银行的平台上运作，安全性较高，只能在账户中记录黄金额度，不能用来提取实物黄金。特点是：交易起点低，交易方便，可以采用T+0交易制度，具有更大的投资空间，而且不需要实物黄金的运输、仓储、保管成本。但是没有做空机制，交易成本较高，比较适合在单边上涨行情中介入。

3. Au（T+D）交易

是上海黄金交易所推出的以保证金制度进行的现货远期交易，类似于黄金期货交易，具备T+0、双向交易、保证金交易等特点，交易成本为持仓期间每天缴纳合约总金额的万分之二的递延费，较前两种模式更加灵活，但目前不对个人投资者开放，并且其交易时间不连续，容易加大交易风险。上海黄金交易所的Au（T+D）品种有做空机制，非常适合在振荡行情以及单边上扬或单边下跌的行情中投资。

4. 影响黄金价格的主要因素

要投资黄金，很自然就要预测黄金价格的走势，而要预测黄金价格，就必须先了解影响黄金价格波动的因素。影响黄金价格的因素很多，诸如国际政治、经济、汇市、欧美主要国家的利率和货币政策、各国央行对黄金储备的增减、黄金开采成本的升降、工业和饰品用金的增减等都对金价的走势有影响。

（1）黄金的供求关系　黄金价格与国际黄金现货市场的供求关系密切相关。地球上的黄金存量、年供求量、新的金矿开采成本、黄金生产国的政治、军事和经济的变动状况和央行的黄金抛售等供给因素的变化，以及黄金实际需求量（首饰业工业等）的变化、保值需要和投机性需求等因素对于黄金价格的变动起着非常关键的作用。

黄金的供给与地球上的黄金存量，黄金生产国的政治、军事、经济，各国央行的黄金销售量相关。黄金的需求与黄金实际需求量（首饰、工业）的变化、保值的需要、投机需要相关。

（2）美元汇率　黄金和美元作为两种具有竞争关系的保值工具，美元汇率也是影响金价波动的重要因素之一。一般在黄金市场上有美元涨则金价跌，美元降则金价扬的规律。但在某些特殊时段，尤其是黄金走势非常强或非常弱的时期，黄金价格也会摆脱美元的走势影响。

（3）原油价格　原油价格也一直和黄金市场息息相关，原因是，黄金具有抵御通货膨胀的功能，而国际原油价格与通货膨胀水平密切相关，因此，黄金价格与国际原油价格具有正向运行的互动关系。

（4）政治经济大事及其他因素　国际上重大的政治经济事件都将影响金价，政府为战争或经济平稳而支付费用、大量投资者转向黄金保值投资，这些都会扩大对黄金的需求，刺激金价的上涨。

（5）其他因素　国家的货币政策的松紧程度、利率水平、股市行情、国家债券等一系列因素都会影响金价的走势。

（七）P2P网络信贷

1. P2P网络信贷的含义

P2P（Peer to Peer）网络信贷也叫“人人贷”，指有资金并且有理财投资想法的个人，通过第三方网络平台牵线搭桥，使用信用贷款的方式将资金贷给其他有借款需求的人。其中，中介机构负责对借款方的经济效益、经营管理水平、发展前景等情况进行详细的考察，并收取账户管理费和服务费等。这种操作模式依据的是《合同法》，其实就是一种民间借贷方式，只要贷款利率不超过银行同期贷款利率的4倍，就是合法的。

P2P网络信贷服务平台主要针对的是那些信用良好但缺少资金的大学生、农村小微企业、农村创业者等，帮助他们实现教育培训、设备购买、兼职创业等理想。对于这些借款人，无须他们给出贷款抵押物，而是通过了解他们的身份信息、银行信用报告等，来确定给他们的贷款额度以及贷款利率，然后，中介机构将这些信息提供给资金出借人，由他们双方直接达成借款协议，资金出借人获取贷款利息。

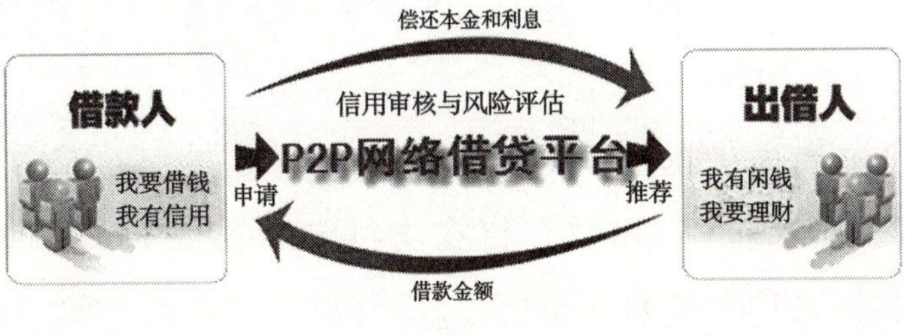

2. P2P网络信贷的特点

（1）直接透明　出借人与借款人直接签署个人对个人的借贷合同，一对一地互相了解对方的身份信息、信用信息，出借人及时获知借款人的还款进度和生活状况的改善，最真切、直观地体验到自己为他人创造的价值。

（2）信用甄别　在 P2P 模式中，出借人可以对借款人的资信进行评估和选择，信用级别高的借款人将得到优先满足，其得到的贷款利率也可能更优惠。

（3）风险分散　出借人将资金分散给多个借款人对象，同时提供小额度的贷款，风险得到了最大程度的分散。

（4）门槛低、渠道成本低　P2P 借贷使每个人都可以成为信用的传播者和使用者，信用交易可以很便捷地进行，每个人都能很轻松地参与进来。

在这种新生事物的迅速发展中，选择交易时需要注意这些网贷公司的经营风险、信用风险、市场风险等问题，应选择资质优良、规模较大的公司。

（八）余额宝

1. 余额宝的概念

余额宝是由国内领先的第三方支付平台支付宝打造的一项全新的余额增值服务。用户在支付宝网站内，可以通过余额宝直接购买基金等理财产品，获得相对较高的收益，同时余额宝内的资金还能随时用于网上购物、支付宝转账等支付功能。2013 年 6 月 13 日，“余额宝”服务上线。通过“余额宝”，用户存留在支付宝的资金不仅能拿到“投资收益”，而且和银行活期存款利息相比收益更高。

2. 余额宝的特点

（1）操作流程简单　余额宝服务是将基金公司的基金直销系统内置到支付宝网站中，用户将资金转入余额宝，实际上是进行货币基金的购买，相应资金均由基金公司进行管理；余额宝的收益也不是“利息”，而是用户购买货币基金的收益，用户如果选择使用余额宝内的资金进行购物支付，则相当于赎回货币基金。整个流程就跟给支付宝充值、提现或购物支付一样。

（2）最低购买金额没有限制　余额宝对于用户的最低购买金额没有限制，一元钱起买。余额宝的目标是让零花钱也能获得增值的机会，让用户一二百元都能享受到理财服务。

（3）收益高，流通性高　与一般的理财服务相比，余额宝的优势在于它不仅能够提供高收益，还全面支持网购消费、支付宝转账等几乎所有的支付宝功能，这意味着资金在余额宝中一方面在时刻保持增值，另一方面又能随时用于消费。

余额宝购买的是货币型基金，货币型基金的年化收益率普遍在3%～4%，而活期存款的年收益只有0.35%。收益比活期高出近10倍。同时，与支付宝余额宝合作的天弘增利宝货币基金，支持T+0实时赎回，这也就意味着，转入支付宝余额宝中的资金可以随时转出至支付宝余额，实时到账无手续费，也可直接提现到银行卡。

（4）安全性强，可手机7×24小时操作。支付宝对余额宝还提供了被盗金额补偿的保障，确保资金万无一失。余额宝转入及转出都无须手续费，支持实时转出，及时到账支付宝账户余额中。2013年7月1日，余额宝功能在支付宝钱包（即支付宝手机客户端）上线，这就意味着，用户可以每天在手机上操作余额宝账户，随时买入、卖出、查看收益。也就是说，用户把余额宝里的钱转出到支付宝余额后，可以通过支付宝钱包，转回任意的银行卡，并且不需要手续费。

第六单元
农村养老、医疗规划

单元提示

- 掌握农村养老保险和农村医疗保险的概念、特点和内容。
- 熟悉农村养老保险和农村医疗保险的种类和参与方式。
- 能够根据农村家庭的财务状况，选择适当的保险工具，制订合理的养老保险和医疗保险规划方案。

一、农村养老保险

农村养老保险是社会保险的一个重要组成部分，是农村非城镇户籍的居民参与商业或者非商业的社会保险，从而在丧失劳动能力或发生重大意外事故时从国家和社会取得帮助的一种社会保险制度。现阶段农村社会养老保险的形成是多年的社会经济、文化背景积淀的结果。农村居民养老保险的完善，主要是通过两种形式来完成：一种是参加农村社会养老保险，二是自主参与商业保险公司提供的商业保险。

（一）农村社会养老保险制度

1. 农村开展社会养老保险的必要性

“老有所养”的问题，历来是世界各国十分关注的重大问题。在我国，各级党委、政府十分重视解决民众的养老保障问题，通过长期的艰苦努力，养老保障工作取得辉煌的成就，尤其是在城镇已经建立了比较完善的养老保障体系，各类人员的养老问题基本得到解决。而在农村，虽然农民的养老问题得到明显改善，但由于各方面的原因，广大农民的养老后顾之忧仍非常突出。

目前，农民的养老问题主要是以土地、家庭保障为主，仍然依靠传统的“养儿防老”办法。但是，随着农村经济改革的步步深入，社会主义市场经济的快速发展和不断完善，计划生育基本国策的深入贯彻，“4·2·1”家庭人口结构将普遍出现，农村传统的家庭养老保障能力越来越弱。根据世界许多国家的实践经验，解决养老问题将来主要靠社会保险。我国为了解决农民的养老问题，从20世纪90年代初期就开始在农村探索建立社会养老保险制度（简称老农保），但当时政府财力十分有限，老农保采取储蓄积累模式，养老基金主要依靠农民个人缴纳，财政没有资金投入，农民受益低微，没有吸引力，更无法从根本上解除农民的养老后顾之忧。

党中央、国务院高瞻远瞩，审时度势，在大力推进一系列惠农政策，实现农民“种地不交税、上学不付费、看病不太贵”的基础上，针对老农保在实施中面临的新情况、新问题，从2009年起在全国范围内开展新型农村社会养老保险试点，逐步解除农民的后顾之忧，实现“养老不犯愁”的目标。

2. 农村社会养老保险制度的概念

农村社会养老保险是指通过个人、集体、政府多方筹资，将符合条件的农村居民纳入参保范围，达到规定年龄时领取养老保障待遇，以保障农村居民年老时基本生活为目的，带有社会福利性质的一种社会保障制度。新型农村社会养老保险制度是在总结完善我国20世纪90年代开展的农村社会养老保险制度的基础上建立起来的一项崭新制度。

农村社会养老保险是社会保险的一个组成部分，它是指我国农村的非城镇户口人员（包括乡镇企业职工）支付一定的劳动所得，在丧失劳动能力时从国家和社会取得帮助，享受养老金，以保障衣、食等基本生活需要的一种社会保险制度。农村社会养老保险是由政府主管部门负责组织和管理，农村经济组织、集体事业单位和各行业劳动者共同承担养老保险费交纳义务，劳动者在年老时按照养老保险费交纳状况，享受基本养老保险待遇的农村社会保障制度。农村社会养老保险是国家的基本社会政策行为，是政府的重要职能。

基本养老保险与用人单位补充养老保险、个人储蓄性养老保险共同构成我国多层次的养老保险制度。基本养老保险是国家通过立法强制实施，当劳动者达到国家规定的退出劳动力市场的年龄或因年者丧失劳动能力时，为其提供基本生活保障的社会保险制度。农村社会养老保险制度坚持资金个人交纳为主，集体补助为辅，国家予以政策扶持；坚持自助为主，互济互辅；坚持社会养老保险与家庭养者相结合；坚持农村务农、务工、经商等各类人员社会养老保险制度一体化的方向。

3. 农村社会养老保险制度的特点

第一，实行基础养老金和个人账户养老金相结合的养老待遇计发办法，国家财政全额支付最低标准基础养老金。

第二，实行个人缴费、集体补助、政府补贴相结合的筹资办法，地方财政对农民缴费实行补贴。

新型农村社会养老保险制度的这两个显著特点，强调了国家对农民老有所养承担的责任，明确了政府资金投入的原则要求，这是与老农保制度仅依靠农民自我储蓄积累的最大区别。新农保试点的基本原则是“保基本、广覆盖、有弹性、可持续”。一是从农村实际出发，低水平起步，筹资标准和待遇标准要与经济发展及各方面承受能力相适应；二是个人（家庭）、集体、政府合理分担责任，权利与义务相对应；三是政府主导和农民自愿相结合，引导农村居民普遍参保；四是中央确定基本原则和主要政策，地方制定具体办法，对参保居民实行属地管理。

4. 农村社会养老保险制度的内容

（1）参保范围　年满16周岁（不含在校学生）、未参加城镇职工基本养老保险的农村居民，可以在户籍地自愿参加新农保。

（2）基金筹集　新型农村养老保险基金由个人缴费、集体补助、政府补贴构成。

1）个人缴费。新型农村养老保险是一项社会保险制度，不同于济贫扶困的社会救助制度，实行权利与义务相适应的原则，个人缴费是享受待遇的前提条件。参加新型农村养老保险的农村居民应当按规定缴纳养老保险费。缴费标准设为每年100元、200元、300元、400元、500元5个档次，地方可以根据实际情况增设缴费档次。参保人自主选择档次缴费，多缴多得。国家依据农村居民人均纯收入增长等情况适时调整缴费档次。

新型农村养老保险缴费标准表 单位：元

缴费年限 / 年缴费金额	15	16	17	18	19	20	21	22	23	24	25	26	27	28	29	30
100元	71.77	75.13	78.51	81.95	85.40	88.89	92.42	95.99	99.60	103.25	106.95	110.68	114.46	118.28	122.15	126.06
200元	85.96	90.46	95.03	99.65	104.35	109.11	113.94	118.84	123.81	128.85	133.98	139.18	144.46	149.82	155.27	160.80
300元	100.15	105.80	111.54	117.37	123.30	129.32	135.45	141.68	148.01	154.45	161.01	167.68	174.46	181.37	188.39	195.55
400元	114.34	121.14	128.05	135.08	142.25	149.54	156.96	164.52	172.21	180.05	188.04	196.18	204.46	212.91	221.52	230.29
500元	128.53	136.47	144.56	152.80	161.20	169.75	178.47	187.36	196.42	205.65	215.07	224.67	234.47	244.45	254.64	265.03
800元	168.53	179.69	191.09	202.73	214.60	226.72	239.10	251.73	264.63	277.80	291.25	304.99	319.02	333.35	347.99	362.95
1000元	195.62	208.97	222.62	236.55	250.78	265.31	280.16	295.33	310.83	326.67	342.86	359.39	376.30	393.57	411.23	429.27

注：1. 年缴费100元的，给予补贴30元；年缴费200元及以上的，每增加一个缴费档次增加10元补贴。

2. 缴费年限满15年的，每多缴一年，基础养老金增加2元。

3. 按一年期同期存款利率2.5%测算。

2）集体补助。农村土地集体所有，农村集体经济组织收入为其成员所共有，村集体有责任为本村农村居民养老保障提供经济支持。有条件的村集体应当对参保人缴费给予补助，补助标准由村民委员会召开村民会议民主确定。鼓励其他经济组织、社会公益组织、个人为参保人缴费提供资助。

3）政府补贴。新型农村社会养老保险最大的优惠政策，是政府对农村居民参保给予补贴。政府补贴分为两部分：一是政府对基础养老金给予全额补贴；二是地方政府对参保人缴费给予补贴，以利于调动农民参保积极性、帮助困难群众参保，并增加个人账户积累。政府对符合领取条件的参保人全额支付新型农村社会养老保险基础养老金，其中中央财政对中西部地区按中央确定的基础养老金标准给予全额补助，对东部地区给予50%的补助。

地方政府应当对参保人缴费给予补贴，补贴标准不低于每人每年30元；对选择较高档次标准缴费的，可给予适当鼓励，具体标准和办法由省（区、市）人民政府确定。对农村重度残疾人等缴费困难群体，地方政府为其代缴部分或全部最低标准的养老保险费。

（3）建立个人账户

国家为每个新型农村社会养老保险参保人建立终身记录的养老保险个人账户。个人缴费，集体补助及其他经济组织、社会公益组织、个人对参保人缴费的资助，地方政府对参保人的缴费补贴，全部记入个人账户。个人账户储存额每年参考中国人民银行公布的金融机构人民币1年期存款利率计息。

（4）养老金待遇

养老金待遇由基础养老金和个人账户养老金组成。中央确定的基础养老金由中央财政全额支付，当前标准为每人每月55元，今后随经济发展和物价变动而适时上调（当地政府提高标准的，按其标准执行）。地方政府可以根据实际情况提高基础养老金标准，对于长期缴费的农村居民，可适当加发基础养老金，提高和加发部分的资金由地方政府支出。

个人账户养老金的月计发标准为个人账户全部储存额除以139（与现行城镇职工基本养老保险个人账户养老金计发系数相同）。例如张三每年缴费200元，政府每年给其参保补贴35元，连续缴费30年后满60周岁，按3%的年计息利率测算，其个人账户积累总额11 180元，他的养老金月标准为：个人账户积累额11 180元÷139+基础养老金55元=135元。李四30岁开始参保时选择最低档次100元缴费，政府补贴30元；连续缴费5年后提高缴费档次，选择每年缴费300元，政府年补贴40元；连续缴费10年后又提高缴费档次，选择每年缴费500元，政府年补贴50元，连续缴费到年满60周岁，其累计缴费年限30年，个人账户积累总额17 747元，月养老金标准为：17 747元÷139+55元=182元，如此类推。

养老金终身按月领取，参保人死亡，个人账户中的资金余额，除政府补贴外，可以依法继承；政府补贴余额用于继续支付其他参保人的养老金。

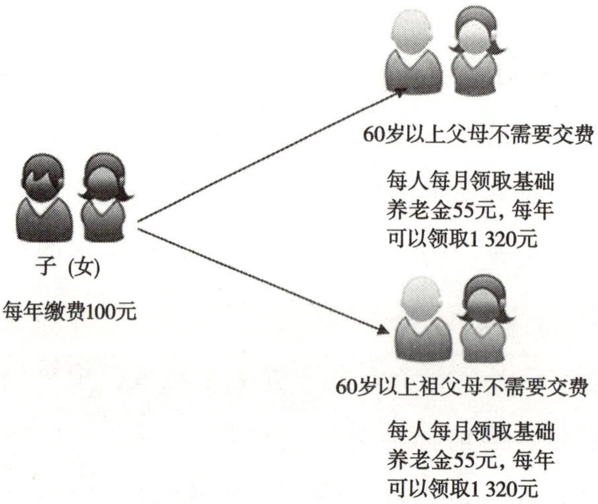

如果每户有4个老人，子女参保缴费后，四位老人每年领取基础养老金共计2 640元。

（5）养老金待遇领取条件　年满60周岁、未享受城镇职工基本养老保险待遇的农村有户籍的老年人，可以按月领取养老金。新型农村社会养老保险制度实施时，已年满60周岁、未享受城镇职工基本养老保险待遇的，不用缴费，可以按月领取基础养老金，但其符合参保条件的子女应当参保缴费；距领取年龄不足15年的，应按年缴费，也允许补缴，累计缴费不少于15年；距领取年龄超过15年的，应按年缴费，累计缴费不少于15年。

（6）个人养老金待遇的提高　月养老金标准与缴费档次、缴费年限成正比，参保人缴费档次高、缴费年限长，即月养老金标准就高。如某两人同是连续缴费15年，其中一人选择每年缴费100元，月领取养老金为72元；而另一人选择每年缴费500元，月领取养老金为129元。若两人同是选择每年缴费300元，其中一人连续缴费20年，月领取养老金为121元；而另一人连续缴费40年，月领取养老金为239元。若试点单位出台政策，缴费满15年后每满一年增加养老金标准2元，如某人缴费40年，超出25年，每月养老金还要增加50元。

（7）办理流程　需要符合条件的相关人员携带以下证件办理：身份证原件、复印件2份；户口本原件、复印件2份；4张一寸免冠照（60周岁以上人员6张）。

办理方法为：到所在村街填写《登记表》4份，《户籍表》2份，贴相片，并由本人签字按手印确认。16~59周岁人员自主选择缴费档次（100~1 000）元缴费，由村街经办人员开具收据并填写《缴费明细表》。60周岁以上人员不需要缴费，填写《待遇申领表》2份，提交存折复印件2份。

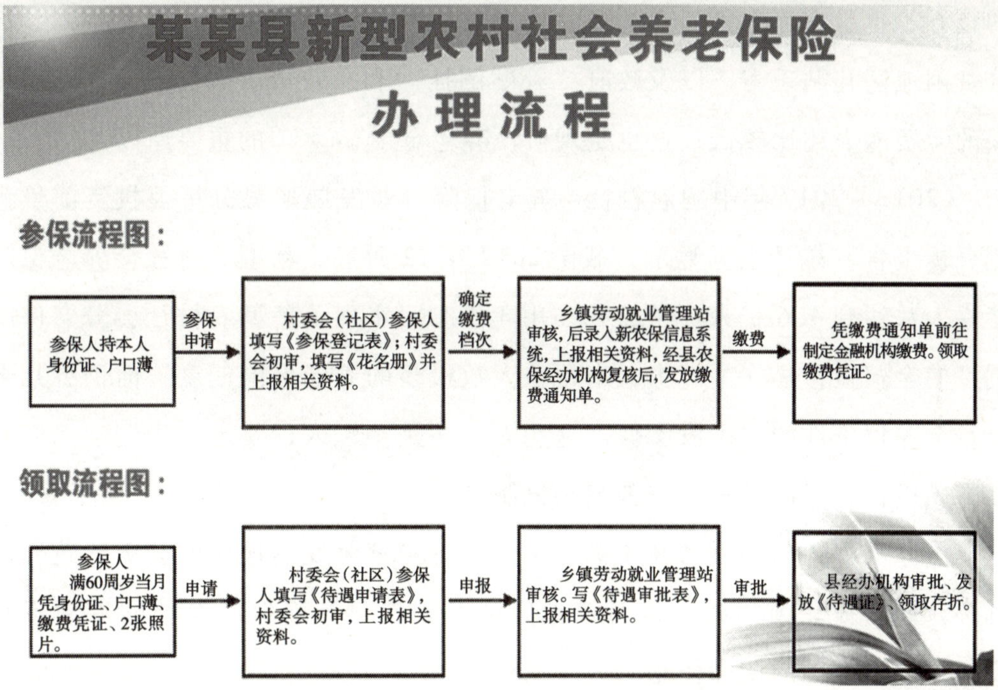

（8）基金管理　建立健全新型农村社会养老保险基金财务会计制度。新型农村社会养老保险基金纳入社会保障基金财政专户，实行收支两条线管理，单独记账、核算，按有关规定实现保值增值。试点阶段，新型农村社会养老保险基金暂实行县级管理，随着试点扩大和推开，逐步提高管理层次；有条件的地方也可直接实行省级管理。

（9）基金监督　各级人力资源社会保障部门要切实履行新农保基金的监管职责，制定完善新型农村社会养老保险各项业务管理规章制度，规范业务程序，建立健全内控制度和基金稽核制度，对基金的筹集、上解、划拨、发放进行监控和定期检查，并定期披露新农保基金筹集和支付信息，做到公开透明，加强社会监督。财政、监察、审计部门按各自职责实施监督，严禁挤占挪用，确保基金安全。试点地区新型农村社会养老保险经办机构和村民委员会每年在行政村范围内对村内参保人缴费和待遇领取资格进行公示，接受群众监督。

5. 完善农村社会养老保险制度的激励措施

在农民领到的养老金中，国家直接发放给农民的基础养老金只占一部分，农民缴费和政府补贴组成的个人账户是新型农村社会养老保险养老金中的核心，也是支撑农民养老的最主要部分。但由于农民收入水平还不高，部分贫困地区补贴乏力，以及政府“补贴倒挂”和缴费档次偏低等原因，新农保的缴费能力还比较低，这也是现阶段养老金“微薄”的重要原因。

《2013～2017年中国农村社会养老保险行业发展形势分析及投资前景预测分析报告》统计数据显示，截至2012年12月底，新型农村社会养老保险参保人数达到4.6亿人。虽然我国用3年时间实现了新型农村社会养老保险制度的全覆盖，建立了有史以来覆盖人数最多的养老保险制度，但仍有几千万符合参保条件的农民没参保。这些人大多是年轻人，要进一步调动他们的参保积极性，还需进一步完善激励机制。

（1）确保政府补贴总额不减　适当降低经济欠发达地区的县级财政补贴标准，同时提高国家或省级对该地区的补贴比例，确保政府补贴总额不减少，保证对农民的激励作用。

（2）制定更合理的“多缴多得”缴费激励机制　应尽早制定更合理的缴费激励机制，正向引导、多缴多得。在一些农村地区，最低档次和较高档次的补贴标准差距并不大，因此农民缴纳较高档次的积极性不高。建议相关部门尽快出台鼓励政策，提高较高缴费档次的补贴标准，激发农民的缴费积极性。增设缴费档次，提高农民养老金个人账户积累，也是提高农民养老金缴纳能力的重要举措。一些专家建议，根据地方经济发展水平和财力状况，在原有缴费档次的基础上适当增加缴费档次。目前，我国已有四川等 10 个省、自治区、直辖市增设缴费档次到 1 000 元，宁夏还在 1 000 元之上增设了 2 000元的档次，其他地区可以适当增设缴费档次。

（3）建立“长缴多得”的缴费激励机制　为引导和激励农民，特别是那些 16 ~ 45 周岁的青年农民早参保，建议对缴费超过 15 年的，每增加一年加发一定基础养老金，或按缴费年限不同，增加不同比例基础养老金。

延伸阅读

农村养老保险计算方法

农村社会养老保险新政策有两大亮点：一是筹资模式有了重大改变；二是养老金待遇有了重大调整。那么新政策下享受的待遇该如何计算呢？

参保者每人每年均享 30 元政府补贴

以往的政府补贴都是针对特殊人群，而此次城乡居民养老保险新政策的补贴范围大幅扩大，将普通参保人员都纳入其中。对参保缴费人员，统一按每人每年 30 元给予补贴。

以重庆市为例，据重庆市人力资源和社会保障局相关负责人介绍：“对年满 16 岁、不满 60 岁的参保人员，在个人缴费基础上，每人每年补贴 30 元，该补贴直接存入个人账户，不能用于抵扣缴费；对年满 60 岁以上，且自愿选择一次性趸缴的人员，按一次性缴费年限，每人每年也给予 30 元补贴，但可抵扣缴费。”

该负责人说，补贴涉及 400 多万符合条件的普通参保人员，目的在于提高个人养老保险待遇。而特殊人群的待遇可重复享受。

举例：一位一、二级重度残疾参保人员，其缴纳最低标准 100 元的保险费，政府要给予 40 元特殊补助，即个人实际每年只缴60元，加上重复享受每人每年30元的普遍缴费补贴，其个人账户每年储存总额则为60元+40元+30元=130元。

零缴费参保

新政策规定，年满60周岁以上的城乡居民，本人不缴费也可按月领取基础养老金，标准为每人每月80元，比国家每人每月55元的标准高出25元。

“以往各类养老保险政策都须补足一定年限的参保费用，而今后参加我市城乡居民社会养老保险，则可不补缴。”该负责人表示，但60岁以上老人不缴费享受基础养老金也是有条件的，其符合参保条件的子女必须按新政策参保缴费，已参加其他社会养老保险则视为已参保缴费。同时，有条件的老人可自愿按每月40元、60元、90元3个档次选择一次性缴纳养老保险费，这样，除能按月领取80元基础养老金外，还能领取按所选档次发放的个人账户养老金，养老待遇水平将大幅提高。

举例：一位65岁的参保人员，若选择90元缴费档次，他距75岁差10年，即120个月，一次性趸缴养老保险费为90元×120个月=10 800元，再扣除政府每年补贴的30元，即30元×10年=300元，实际缴费10 500元。每月领取的养老待遇为80元（基础养老金）+90元（个人账户养老金）=170元，若享受独生子女及高龄补贴，每月最多可领取190元。

降缴费档次

据了解，国家新型农村社会养老保险把年缴费标准分为5档，分别是100元、200元、300元、400元、500元。

而重庆市城乡居民养老保险原先只有200元、400元、600元、900元4个缴费档次，为与国家标准对接，也满足经济收入较低的参保对象需求，新政策增设了100元的最低缴费档次。

该负责人说，保留高出国家标准的600元和900元两档，是为鼓励多缴多得，为逐步缩小各项养老保险制度之间的待遇差距奠定基础。

举例：一位选择年缴费900元档次的参保人员，60岁时，按目前办法静态测算，缴费15年，每月可领取养老保险待遇194元；缴费30年，每月可领取养老保险待遇353元；缴费44年，每月可领取养老保险待遇558元。

取消缴费年限

按照新政策，45岁以下人员缴费年限须达15年以上，而对45~59岁人员，则不再设最低缴费年限，只要求按年缴费，到60岁方可按月领取养老金。（15年个人账户总额/139个月=248元。）

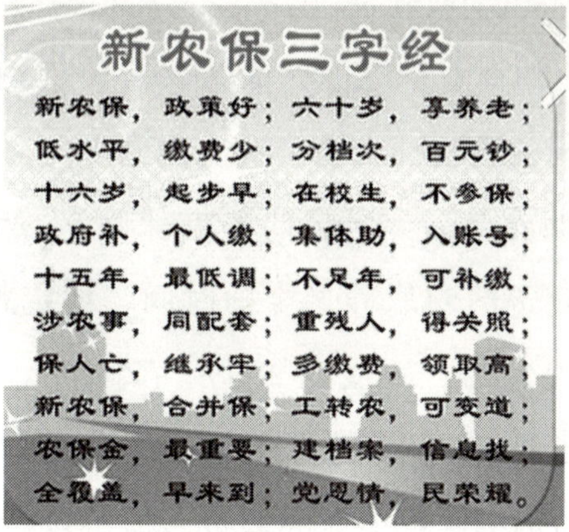

（二）农村商业养老保险

我国的社会保险是国家强制性的社会保障，是一种社会政策，国家通过法律手段来强制推行。无论企业或个人愿不愿意，只要是在法律规定的范围内，必须参加社会保险。但对于农村人口，由于我国国情的局限性，即便有新型农村养老保险制度的实施，农民在养老问题上仍然存在很大的资金缺口，仅仅依靠国家的财政补贴是远远满足不了农民年老时的生活开支和大病费用。因此，农村居民应当适度参加社会上的商业养老保险，以作为新型农村养老保险的重要补充。

商业保险是建立在双方平等互利、自愿签约的基础之上，参保人可根据自身面临的风险自愿选择投保险种，协议保险金额，决定保障的标准和档次，保险公司无权强制人们投保。

1. 商业养老保险的含义

商业养老保险是以获得养老金为主要目的的长期人身险，它是年金保险的一种特殊形式，又称为退休金保险。商业性养老保险的被保险人，在交纳了一定的保险费以后，就可以从一定的年龄开始领取养老金。这样，尽管被保险人在退休之后收入下降，但由于有养老金的帮助，他仍然能保持退休前的生活水平。商业养老保险，如无特殊条款规定，则投保人缴纳保险费的时间间隔相等、保险费的金额相等、整个缴费期间内的利率不变且计息频率与付款频率相等。

2. 商业养老保险的分类

目前市场上的商业养老险产品主要有传统型、分红型、万能型、投资连结型四种。不同类型的养老险产品，投资风险不同。

（1）传统型养老险　传统的养老保险是投保人与保险公司通过签订合同，双方约定确定的领取养老金的时间，约定相应的额度领取，通常来说，其预定利率是确定的，一般在2.0%～2.4%。这个预定利率一般都会与当时的银行利率保持相当水平，会随着银行利率波动。

传统养老险的回报固定，风险低，但很难抵御通胀的影响，因为购买的产品是固定利率的，如果通胀率比较高，从长期来看，就存在贬值的风险。适合人群：以强制储蓄养老为主要目的，在投资理财上比较保守者。

（2）分红型养老险　分红型养老通常有保底的预定利率，但这个利率比传统养老险稍低，一般只有1.5%～2.0%。分红险除固定的最低回报外，每年还有不确定的红利获得。

分红养老险除了有一个约定的最低回报，这部分资金的收益还与保险公司经营业绩挂钩，使养老金相对保值、增值。但分红具有不确定性，与保险公司的经营状况有关系，也有可能因该公司的经营业绩不好而使自己受到损失。目前我国规定，保险公司应当将可分配盈余的70%以红利的方式分配给投资人。适合人群：既要保障养老金最低收益，又希望获取超额收益者。

（3）万能型寿险　万能型寿险在扣除部分初始费用和保障成本后，保费进入个人投资账户，有保底收益，目前一般为1.75%～2.5%，有的与银行1年期定期税后利率挂钩。除了必须满足约定的最低收益外，还有不确定的“额外收益”。

万能险的特点是下有保底利率，上不封顶，每月公布结算利率，目前大部分为5%～6%，按月结算，复利增长，可有效抵御银行利率波动和通货膨胀的影响。账户比较透明，存取相对比较灵活，追加投资方便，寿险保障可以根据不同年龄阶段提高或降低，万能型寿险可以灵活应对收入和理财目标的变化。但万能险的收益计算基数是保单的账户价值，即个人所缴保费中，扣除初始费、账户管理费等费用以外的资金。若以30岁男性客户每年分别将固定资金投向某公司万能险和银行储蓄相比较，到第五年，这位客户无论是每年投5 000元、1万元还是5万元，收益率都不如银行储蓄高。适合人群：理性投资理财者，坚持长期投资，自制能力强的投资者。

（4）投资连结保险　投资连结保险是一种基金，是一种长期投资产品，设有不同风险类型的账户，与不同投资品种的收益挂钩。不设保底收益，保险公司只是收取账户管理费，盈亏由全部客户自负。

投资连结险以投资为主，由专家理财选择投资品种，不同账户之间可自行灵活转换，以适应资本市场不同的形势。是保险产品中投资风险最高的一类，如果受不了短期波动而盲目调整，有可能损失较大。适合人群：该品种有可能血本无归，因此不适合将养老寄托于此的人。适合年轻人，风险承受能力强，以投资为主要目的，兼顾养老。

3. 商业养老保险的内容

（1）年金保险　目前，保险市场上绝大多数商业养老产品，都是限期缴费的年金保险，即投保人按期缴付保险费到特定年限时开始领取养老金。如果年金受领者在领取年龄前死亡，保险公司或者退还所缴保险费和现金价值中较高者，或者按照规定的保额给付保险金。

（2）领取方式　商业养老保险通常有定额、定时或一次性趸领三种方式。趸领是在约定领取时间，把所有的养老金一次性全部提走的方式。定额领取的方式和社保养老金相同，即在单位时间确定领取额度，直至将保险金全部领取完毕。社保养老金是以月为单位时间，而商业养老保险多以年为单位，如平安人寿的长青终身养老年金保险等，都采取按年给付的方式。定时领取就是约定一个领取时间，根据养老保险金的总量确定领取的额度，例如确定要15年领取完毕养老金，那么保险公司将根据养老金总额，确定每年可以领取的具体额度。

有些养老年金保险合同中有约定的时间，有些可以自由选择领取的方式，中间亦可以更改。

（3）领取时间　我国法定的退休年龄为女性55周岁，男性60周岁，社保养老金即是按照这两个年龄段进行领取。相比之下，商业养老保险的领取时间则灵活得多，提供了领取时间的多种选择，并且在没有开始领取之前可以更改。年金领取的起始时间通常集中在被保险人50、55、60、65周岁这四个年龄点，也有更早或更晚的。

（4）保险期间　所谓保险期间，简单来说就是从保险合同生效到终止的时间跨度。在被保险人正常生存的情况下，保险期间将直接关系到养老金领取的时间长度。目前，定期和终身的养老保险产品都非常之多。

（5）保证领取　养老金是以被保险人生存为给付条件的一种保险，为避免被保险人寿命过短损失养老金的情况，不少养老险都承诺10年或者20年的保证领取期。也就是说，若被保险人如果没有领满10年或20年的保证领取期，其受益人可以继续将保证年期内的余额领取完毕。

在选择养老保险产品时，需要考虑保险公司的偿付能力、服务质量、机构网络、民调评价、经营特长等因素，选择适合的公司购买。

4．商业养老保险与社会养老保险的区别

（1）保险的目的和性质不同　社会养老保险是国家强制性的社会保障，是一种社会政策，国家通过法律手段来强制推行。无论企业或个人愿不愿意，只要是在法律规定的范围内，必须参加社会养老保险。

商业养老保险是建立在双方平等互利、自愿签约的基础之上，参保人可根据自身面临的风险自愿选择投保险种，协议保险金额，决定保障的标准和档次，保险公司无权强制人们投保。

（2）保险对象和作用不同　社会养老保险的对象是社会劳动者，目的在于保障他们的老弱病残和失业时的基本生活，也就是能满足最低生活保障。商业养老保险是以获得一定的经济补偿为目的，它可以使人们在退休时，能够获得和以前一样的生活品质。

（3）权利与义务不同　社会养老保险强调劳动者必须履行社会保险的义务，缴纳社会保险费，之后才能获得享受社会保险金的待遇和权利，强调国家和劳动者双方的权利与义务。商业养老保险体现的是合同双方的责任、权利与义务的关系。商业养老保险的保险金额以投保额决定偿还额。

（4）待遇水平不同　社会养老保险个人负担多少费用跟其享受的待遇没有直接的关系，社会养老保险的实施有利于低收入者，有明显的社会扶助性质。而商业养老保险则不同，被保险人缴的保费越多，所享受的保险金额也就越多，享有的保障程度也就越高。

（5）自主性、灵活性不同　社会养老保险因工作发生变动，在交费、给付上受到影响及限制。商业养老保险不因工作或其他变动在缴费或给付上受到影响。

商业养老保险可以为人们提供更高的生活保障，是社会养老保险的补充。农村居民可以根据自己的需要来选择年老时需要领取的养老金。相比较基本的社会养老保险来说，商业养老保险不会给国家添加负担，相反可以为国家缓解社会养老压力；而且商业养老保险面向的对象更加广泛，包括所有参加社保和没有参加社保的人。

延伸阅读　商业养老保险品种介绍及投保攻略

目前，我国社会养老保障体系的三大支柱分别是社会保险、企业年金与个人商业养老保险。但社会保险只能保障年老后最基本的生活，而企业年金则要依赖于单位是否愿意购买。如果社保有限，再加上其他生活费用以及巨额的医疗费用支出，要保持一个相对较高水平的晚年生活，需要的资金显然是相当可观的。因此，及早筹划个人商业养老保险不可忽视，并且业内专家建议，购买商业养老保险所获得的补充养老金占未来所有养老费用的25%～40%为宜。

商业养老险分两种

个人商业养老保险主要有两种：一种是固定利率的传统型养老险，根据保监会规定，目前预定利率最高为2.5%。这类养老金从什么时间开始领，领多少钱都是预先计算好的；另一种是分红型的养老险，即养老险金的多少和保险公司的投资收益有一定关系。

保险专家建议，在低利率时代，购买养老险这样一种长期储蓄险种，还是选择有分红功能的产品为佳，以便将来市场利率上升后，投保者能够在一定程度上得到保险公司的补偿。

保费趸缴更省钱

养老险缴纳期限越短，缴纳的保费总额越少。如30岁的杨先生投保中国人寿的鸿寿年金保险（分红型），保额10万元，从60周岁起每年领取养老金5 000元，生存到80周岁一次性领取20万元满期生存金，此外，杨先生还可获保险公司的红利分配。

如果杨先生选择趸缴（一次性缴费）方式，则需一次性缴纳保费11.03万元；如果选择10年期缴，年缴保费为1.31万元，10年共缴纳13.1万元，比趸缴多缴纳了2.07万元；如果选择20年期缴，年缴保费为7 100元，20年共缴纳14.2万元，比趸缴多缴纳了3.17万元，比10年期缴多缴纳了1.1万元。

因此，在经济宽裕的情况下，缩短缴费期限是比较划算的。目前保险公司的养老险有多种缴费方式，除了一次性趸缴外，还有3年缴、5年缴、10年缴、20年缴等，投保人可以根据自身的具体情况做出选择。不过，对于手头没有大笔余钱者来说，选择期缴的负担会轻些，但也可以相应缩短缴费期，如选择10年期缴。

早投保一年省保费2%

和重大疾病保险一样，养老险也是越早投保，保费越便宜。保险专家解释，保险公司给付被保险人的养老金是根据保费复利计算产生的储蓄金额，因此，投保人年龄越小，储蓄的时间越长，相同保额不管期缴还是趸缴，缴纳的保费额都相对较少，因此买养老险是早比晚好。

保险专家介绍，投保养老险，早投保一年，保费就要少缴2%左右，因此即使投保人选择生日前几天投保，与过了生日再投保，保费也会有所差别。据了解，目前市场上的养老险的可保年龄通常以16周岁或18周岁为起点。

如果杨先生在35周岁才投保中国人寿鸿寿年金保险（分红型），选择趸缴的话，保费为12.43万元，比30岁时投保多支付1.4万元。如果选择20年期缴，年缴保费为8 100元，20年共缴纳16.2万元，比30岁时投保多缴纳2万元。

5. 农村社会养老保险注意事项

（1）提高对新型农村社会养老保险的认识并转变观念　一是要从战略的高度和长远的眼光谋划新型农村社会养老保险，提高对农村养老问题重要性的认识。各级政府应当对农村养老问题有一个正确的认识，决不能将养老仍然看成是一家一户自己的事情。老龄化是大势所趋，势不可挡，家庭养老势单力薄，难以为继。如何防止农村老年人陷入贫困，我们必须对此有足够清醒的认识。二是从农村人口的实际情况出发，改变传统养老观念，适应新条件下养老机制的转变。随着工业化和城市化进程的加快，养老模式正在发生变化，养老观念需要随之转变。引导农民改变“养儿防老”的传统观念，树立靠“社会养老”、“自身养老”的意识。

（2）充分参与农村社会养老保险　在农村养老保险问题上，广大农村居民要积极主动参与农村社会养老规划，按照“多缴多得、长缴多得”的原则，如果农村居民在年轻的时候就积极参与，到老年时就能获得较多的养老金。作为农村居民老年时最基本的带有社会福利性质的生活保障，农村养老保险应该成为广大农民最基础的养老规划工具。

（3）合理利用商业养老保险　农村社会养老保险并不能保证高品质的晚年生活，缺口该以哪种方式补足呢？商业养老保险是个重要的选择，农村居民尽可能在年轻时候根据自己的经济状况，选择购买合适的商业养老保险，为安享晚年做好经济准备。

1）做好迎接养老的心理和资金上的准备。随着老龄化社会的越来越近，人们的平均寿命也越来越长，但是医疗费用也越来越高。因此，农村居民如果有经济余力不妨拿出一部分的资金来购买商业养老保险，为自己的养老做足保障，也是资金有效利用的方式之一。

2）确定需要购买商业养老保险的额度。这时候，一定要全面地考虑到自己的养老保障需求，可自己列个清单，然后清楚自己的工作年限以及在生命周期内财产的几大分配途径，再结合自己目前的经济状况选择投保的额度。根据国际上通行的准则，商业养老保险提供的养老金额度应该占到全部养老保障需求的25%～40%。

3）选购合适的养老保险品种。目前市场上有养老功能的保险产品主要有传统型、两全型、投连型和万能型等几种。有保险专家指出，在当前金融危机之下，投连型和万能型的风险比较高，建议选择传统型和两全型保险。

4）选择合理的缴费期限。一般的商业养老保险都有多种缴费方式供消费者选择，有一次趸交、3 年、5 年、10 年、20 年期等。保险专家指出，考虑到当前经济形势，建议消费者适当缩短缴费期限，这样，所需缴纳的保费总额将会减少一些。

二、农村医疗保险

农村医疗保险，是我国社会保障的一部分，我国农业人口占全国总人口的63.91%，农村医疗保险可以使广大农民享受到农村医疗保险的实惠，在一定程度上避免因病致贫、因病返贫的情况。农村医疗保险目前主要以两种方式存在：以政府为主导的新型农村合作医疗保险制度和以农村居民个人为主体的商业医疗保险。

（一）新型农村合作医疗保险制度

新型农村合作医疗，简称“新农合”，是指由政府组织、引导、支持，农民自愿参加，个人、集体和政府多方筹资，以大病统筹为主的农民医疗互助共济制度。采取个人缴费、集体扶持和政府资助的方式筹集资金。随着我国经济与社会的不断发展，越来越多的人开始认识到，“三农”问题是关系党和国家全局性的根本问题。

1. 新型农村合作医疗保险制度的发展和完善

农村合作医疗是由我国农民自己创造的互助共济的医疗保障制度，在保障农民获得基本卫生服务、缓解农民因病致贫和因病返贫方面发挥了重要的作用。

2002年10月，《中共中央、国务院关于进一步加强农村卫生工作的决定》明确指出，要“逐步建立以大病统筹为主的新型农村合作医疗制度”，“到2010年，新型农村合作医疗制度要基本覆盖农村居民”，“从2003年起，中央财政对中西部地区除市区以外的参加新型合作医疗的农民每年按人均10元安排合作医疗补助资金，地方财政对参加新型合作医疗的农民补助每年不低于人均10元”，“农民为参加合作医疗、抵御疾病风险而履行缴费义务不能视为增加农民负担”。

这是我国政府历史上第一次为解决农民的基本医疗卫生问题进行大规模的投入。从2003年开始，本着多方筹资、农民自愿参加的原则，新型农村合作医疗的试点地区正在不断地增加，通过试点地区的经验总结，为将来新型农村合作医疗在全国的全面开展创造了坚实的理论与实践基础。截至2004年12月，全国共有310个县参加了新型农村合作医疗，有1 945万户，6 899万农民参合，参合率达到了72.6%。按照“十一五”规划的要求，新型农村合作医疗到2010年的覆盖面达到农村的80%以上。2011年2月17日中国政府网发布了《医药卫生体制五项重点改革2011年度主要工作安排》，这份文件明确，2011年政府对新农合和城镇居民医保补助标准均由上一年每人每年120元提高到200元；城镇居民医保、新农合政策范围内住院费用支付比例力争达到70%左右。

2012年起，各级财政对新农合的补助标准从每人每年200元提高到每人每年240元。其中，原有200元部分，中央财政继续按照原有补助标准给予补助，新增40元部分，中央财政对西部地区补助80%，对中部地区补助60%，对东部地区按一定比例补助。农民个人缴费原则上提高到每人每年60元，有困难的地区，个人缴费部分可分两年到位。个人筹资水平提高后，各地要加大医疗救助工作力度，资助符合条件的困难群众参合。新生儿出生当年，随父母自动获取参合资格并享受新农合待遇，自第二年起按规定缴纳参合费用。

2013年9月11日，国家卫生计生委下发《关于做好2013年新型农村合作医疗工作的通知》：自2013年起，各级财政对新农合的补助标准从每人每年240元提高到每人每年280元。政策范围内住院费用报销比例提高到75%左右，并全面推开儿童白血病、先天性心脏病、结肠癌、直肠癌等20个病种的重大疾病保障试点工作。

2014年4月25日据财政部网站消息，财政部、国家卫生计生委、人力资源社会保障部发布《关于提高2014年新型农村合作医疗和城镇居民基本医疗保险筹资标准的通知》。2014年新型农村合作医疗和城镇居民基本医疗保险筹资方法为：各级财政对新农合和居民医保人均补助标准在2013年的基础上提高 40 元，达到 320 元。其中：中央财政对原有 120 元的补助标准不变，对 200 元部分按照西部地区 80% 和中部地区 60% 的比例安排补助，对东部地区各省份分别按一定比例补助。农民和城镇居民个人缴费标准在 2013 年的基础上提高 20 元，全国平均个人缴费标准达到每人每年 90 元左右，个人缴费应在参保（合）时按年度一次性缴清。

2015 年 1 月 29 日，国家卫生计生委、财政部印发关于做好 2015 年新型农村合作医疗工作的通知提出，各级财政对新农合的人均补助标准在 2014 年的基础上提高 60 元，达到 380 元。农民个人缴费标准在 2014 年的基础上提高 30 元，全国平均个人缴费标准达到每人每年 120 元左右。积极探索建立与经济发展水平和农民收入状况相适应的筹资机制，逐步缩小城乡基本医保制度筹资水平差距。

2. 农村合作医疗保险的内容

（1）保障对象　大病保险保障对象、新农合的参保（合）人。

（2）保障范围　新农合应按政策规定提供基本医疗保障，在此基础上，大病保险主要在参保（合）人患大病发生高额医疗费用的情况下，对新农合补偿后需个人负担的合规医疗费用给予保障。高额医疗费用，可以个人年度累计负担的合规医疗费用超过当地统计部门公布的上一年度农村居民年人均纯收入为判定标准，具体金额由地方政府确定。合规医疗费用，指实际发生的、合理的医疗费用（可规定不予支付的事项），具体由地方政府确定。各地也可以从个人负担较重的疾病病种起步开展大病保险。

（3）保障水平　以力争避免农村居民发生家庭灾难性医疗支出为目标，合理确定大病保险补偿政策，实际支付比例不低于 50%；按医疗费用高低分段制定支付比例，原则上医疗费用越高，支付比例越高。随着筹资、管理和保障水平的不断提高，逐步提高大病报销比例，最大限度地减轻个人医疗费用负担。

做好基本医疗保险、大病保险与重特大疾病医疗救助的衔接，建立大病信息通报制度，及时掌握大病患者医保支付情况，强化政策联动，切实避免因病致贫、因病返贫问题。农村医疗救助的定点医疗机构、用药和诊疗范围分别参照基本医疗保险、大病保险的有关政策规定执行。

3. 农村合作医疗保险的特点

（1）资金筹措方面　最重要的表现是国家投入，而且拿大头。在强调农民必须自愿的原则下，基本上是农民每年人均10元钱，地方、中央财政再各拿出10元钱，即国家拿出两倍的钱，用于为农民解决看病难问题。这有别于过去的合作医疗仅是农民自己出钱，互助共济的形式。

（2）费用报销方面　过去的合作医疗一般是平均主义的报销办法，资金的使用没有重点。这次明确规定报销是以大病统筹为主，把70%的合作医疗资金用在大病、重病的报销上，避免农民一家人因病致贫、返贫。医疗费用报销有封顶，不是全部包干。这样可以使更多的农民得到基金的支持，从而避免了一两个大病病人把合作医疗基金全部花光的现象。通过对全国试点地区的调研发现，由于各地筹资水平的不同，封顶线也各有不同。目前的报销封顶线大多在1万~2万元。

（3）资金管理方面　新型农村医疗合作制度的基金采取专户存储、专款专用的方式，严禁任何单位和个人违法挪用。参加合作医疗的农民到县（市）、乡（镇）、村定点医疗机构就诊时，可直接按规定减免或报销部分医药费用。定点医疗机构定期将所减免或报销的资金数额以及相关凭据报到县（市）或乡（镇）新型农村合作医疗经办机构，经审核后开具申请支付凭证，交由代理银行办理资金结算业务，直接将资金转入有关医疗机构的银行账户，做到新型农村合作医疗基金收支分离，管用分开，封闭运行。

新型农村合作医疗制度加强了村卫生室、乡卫生院和县医院三级医疗机构的建设，有力地促进了农村医疗卫生工作的新发展。

4. 农村合作医疗保险报销范围及比例

（1）门诊补偿

1）村卫生室及村中心卫生室就诊。报销60%，每次就诊处方药费限额10元，卫生院医生临时补液处方药费限额50元。

2）镇卫生院就诊。报销40%，每次就诊各项检查费及手术费限额50元，处方药费限额100元。

3）二级医院就诊。报销30%，每次就诊各项检查费及手术费限额50元，处方药费限额200元。

4）三级医院就诊。报销20%，每次就诊各项检查费及手术费限额50元，处方药费限额200元。

5）发票限额。中药发票附上处方每贴限额1元。

6）镇级合作医疗门诊。补偿年限额5 000元。

（2）住院补偿

1）报销范围

a. 药费：辅助检查：心脑电图、X光透视、拍片、化验、理疗、针灸、CT、核磁共振等各项检查费限额200元；手术费（参照国家标准，超过1 000元的按1 000元报销）。

b. 60周岁以上老人在镇卫生院住院，治疗费和护理费每天补偿10元，限额200元。

2）报销比例。镇卫生院报销60%，二级医院报销40%，三级医院报销30%。

（3）大病补偿、风险基金补偿　凡参加合作医疗的住院病人一次性或全年累计应报医疗费超过5 000元分段补偿，即5 001～10 000元补偿65%，10 001～18 000元补偿70%。镇级合作医疗住院及尿毒症门诊血透、肿瘤门诊放疗和化疗补偿年限额1.1万元。

延伸阅读　不属于农村合作医疗保险报销范围的事项

1. 自行就医（未指定医院就医或不办理转诊单）、自购药品、公费医疗规定不能报销的药品和不符合计划生育的医疗费用。

2. 门诊治疗费、出诊费、住院费、伙食费、陪护费、营养费、输血费（有家庭储血者除外，按有关规定报销）、冷暖气费、救护费、特别护理费等其他费用。

3. 车祸、打架、自杀、酗酒、工伤事故和医疗事故的医疗费用。

4. 矫形、整容、镶牙、假肢、脏器移植、点名手术费、会诊费等。

5. 报销范围内，限额以外部分。

5. 完善农村合作医疗保险的发展方向

（1）提高筹资水平　2015 年，各级财政对新农合的人均补助标准在 2014 年的基础上提高 60 元，达到 380 元，其中中央财政对 120 元部分的补助标准不变，对 260 元部分按照西部地区 80%、中部地区 60% 的比例进行补助，对东部地区各省份分别按一定比例补助。农民个人缴费标准在 2014 年的基础上提高 30 元，全国平均个人缴费标准达到每人每年 120 元左右。积极探索建立与经济发展水平和农民收入状况相适应的筹资机制，逐步缩小城乡基本医保制度筹资水平差距。要把此项工作落到实处，国家必须从财政上划拨资金，加强对农村医护人员的培训，重点支持村镇两级卫生机构，利用有限的资源提高效率。

（2）增强保障能力　合理调整新农合统筹补偿方案，将政策范围内门诊和住院费用报销比例分别提高到 50% 和 75% 左右。以省（区、市）为单位统一制定新农合报销药品目录和诊疗项目目录，建立完善目录动态调整机制。严格控制目录外费用占比，缩小政策报销比和实际报销比之间的差距。加强门诊与住院补偿方案的衔接，适当提高门诊手术、日间手术等门诊诊疗报销比例，合理设置住院起付线或低费用段报销政策，控制门诊转住院行为。将符合条件的村卫生室、非公立医疗机构、养老机构内设医疗机构等纳入新农合定点范围，满足参合群众的多样化需求。

（3）全面实施大病保险制度　2015年，各地要全面推开利用新农合基金购买大病保险工作，尽早启动大病保险补偿兑付。2015年年底前，以省（区、市）为单位实现城乡居民大病保险的统一政策，统一组织实施，提高抗风险能力。要建立健全招标机制，以地市或省为单位委托有资质的商业保险机构承办大病保险。要根据新农合基金规模、基本医保保障范围与保障水平、高额医疗费用人群分布等影响因素，科学调整大病保险筹资标准。健全以保障水平和参保人员满意度等为主要内容的商业保险机构考核评价机制，激励商业保险机构发挥专业优势，规范经办服务行为。鼓励各地在委托商业保险机构承办大病保险业务的基础上，将新农合基本保障经办服务工作委托商业保险公司一并负责，打通基本医保和大病保险经办服务通道，实现"一站式"全流程服务。2015年年底前，将儿童先天性心脏病等重大疾病以按病种付费方式纳入新农合支付方式改革，先执行新农合报销政策，再按大病保险有关规定予以报销。

（4）完善支付方式改革　全面、系统推进按人头付费、按病种付费和总额预付等多种付费方式相结合的复合支付方式改革，在开展按病种付费方式改革的地区，将病种范围扩大为30~50种。完善相关配套政策措施，建立严格的考核评估和质量监督体系，防止定点医疗机构为降低成本而减少必需的医疗服务或降低服务质量。将考核从定点医疗机构延伸到个人，将医生成本控制和服务质量作为医生个人综合考核的重要内容，并与其个人收入挂钩，充分调动其控费积极性。合理拉开不同级别医疗机构起付线和报销比例的差距，引导参合农民合理就医。逐步探索以各级医疗机构诊疗能力为基础的分级诊疗制度，有条件的地区要结合实际明确基层医疗卫生机构的诊疗病种范围。对于基层医疗卫生机构可以诊治的病种，上转不予报销或大幅降低报销比例；基层医疗卫生机构诊治能力不足的病种，依据相关规定向上级医疗机构转诊的，可按规定比例报销。按规定上转或下转患者的起付线连续计算，不重复收取。支持以医疗联合体为单位实施总额预付，推动医疗联合体内部建立双向转诊机制。

（5）规范新农合基金监管　完善新农合基金风险预警机制，确保基金既不过度结余，也不出现超支。加快提高新农合统筹层次，增强基金抗风险能力。以次均费用、住院率、目录内药品使用比例等作为主要考核指标，定期开展对定点医疗机构的考核评价，考核结果与资金拨付挂钩，并定期向社会公布。探索建立定点医疗机构信用等级管理和黑名单管理制度。贯彻落实原卫生部、财政部《关于进一步加强新型农村合作医疗基金管理的意见》（卫农卫发［2011］52号）相关要求，加强新农合经办机构内部监督，健全新农合基金监管责任制和责任追究制度。进一步规范管理，加大补偿结果公开力度，大力推进即时结算，既要减少报人情账，又要最大限度减少推诿扯皮，方便群众报销，使广大群众最大限度地得到实惠。广泛宣传全国人民代表大会常务委员会《关于〈中华人民共和国刑法〉第二百六十六条的解释》，依法加大对骗取新农合基金等违法违规行为的处罚力度。

（6）建立农村医疗人才吸引的长效机制　人才问题是制约农村卫生服务质量的瓶颈，农民看病最讲究实惠，最大的愿望是就医方便，少花钱，治好病。然而，这种要求与现实条件下我们所能提供的服务相比还有很大差距，关键是缺乏能够为农民解决实际问题的专业技术人员。

由于农村条件的限制，城乡差别的影响，靠分配、派遣的方式已不可能解决农村人才缺乏问题，为了解决这个问题，国家制定了一系列优惠政策，试图吸引高素质卫生人才向农村流动，如“三定”政策，城市支援农村的政策，城市医生职称晋升前必须到农村服务半年或一年的政策，高等医学院毕业生到农村服务提前转正、定级提高工资的政策等。解决农村卫生人才问题必须靠政府组织、支持，并建立长效机制。

（二）农村商业医疗保险

1. 商业医疗保险的概念

商业医疗保险是医疗保障体系的组成部分，单位和个人自愿参加。国家鼓励用人单位和个人参加商业医疗保险。是指由保险公司经营的，赢利性的医疗保障。消费者依一定数额交纳保险金，遇到重大疾病时，可以从保险公司获得一定数额的医疗费用。

2. 商业医疗保险的种类

（1）普通医疗保险　该险种是医疗保险中保险责任最广泛的一种，负责被保险人因疾病和意外伤害支出的门诊医疗费和住院医疗费。普通医疗保险一般采用团体方式承保，或者作为个人长期寿险的附加责任承保，一般采用补偿方式给付医疗保险金，并规定每次最高限额。

（2）手术医疗保险　该险种属于单项医疗保险，只负责被保险人因施行手术而支出的医疗费，不论是门诊手术治疗还是住院手术治疗。手术医疗保险可以单独承保，也可以作为意外保险或人寿保险的附加险承保。采用补偿方式给付的手术医疗保险，只规定作为累计最高给付限额的保险金额，定额给付的手术医疗保险，保险公司只按被保险人施行手术的种类定额给付医疗保险费。

（3）意外伤害医疗保险　该险种负责被保险人因遭受意外伤害支出的医疗费，作为意外伤害保险的附加责任。保险金额可以与基本险相同，也可以另外约定。一般采用补偿方式给付医疗保险金，不但要规定保险金额即给付限额，还要规定治疗期限。

（4）住院医疗保险　该险种负责被保险人因疾病或意外伤害需要住院治疗时支出的医疗费，不负责被保险人的门诊医疗费，既可以采用补偿给付方式，也可以采用定额给付方式。

（5）特种疾病保险　该险种以被保险人患特定疾病为保险事故。当被保险人被确诊为患某种特定疾病时，保险人按约定的金额给付保险金，以满足被保险人的经济需要。一份特种疾病保险的保单可以仅承保某一种特定疾病，也可以承保若干种特定疾病。可以单独投保，也可以作为人寿保险的附加险投保，一般采用定额给付方式，保险人按照保险金额一次性给付保险金，保险责任即终止。

3. 商业医疗保险的报销范围

目前商业医疗保险主要有住院津贴型和费用报销型，前者保险公司以每天固定金额，对被保险人住院治疗期间损失进行补偿，此类产品不与社保或其他类别的商业医疗保险重复，是上佳选择。

商业医疗保险只对承保对象实际产生的医疗费用提供报销，而不同的商业医疗保险其报销范围是不同的。费用报销型险种可报销住院医疗费用，但报销范围内不同产品有不同规定。部分商业医疗保险的保险合同规定，实际医疗费用须在社保报销范围内才能报销。若已从社保或其他社会福利机构取得赔偿，保险公司仅给付剩余部分，社保不能报销的（进口药、特效药、特护病房等），此类商业医疗保险同样不能报销，其作用仅在于对社保报销后，对需按比例自负的部分进行赔偿。而部分商业医疗保险则规定，只要是实际发生的合理费用，都可按比例或在一定免赔额后，得到保险公司赔偿。

4. 社会医疗保险与商业医疗保险的区别

商业医疗保险与强制性社会医疗保险有着本质的区别，主要体现在以下几个方面。

（1）两者的基本属性不同　强制性社会医疗保险是公益性福利事业，带有强制性，各类用人单位必须依法参加该项保险。商业性医疗保险属于商业性质，以盈利为目的，不带有强制性，主要靠保险公司的商业信誉去争取客户。

（2）两者的保险范围不同　前者的保险范围较广，不仅保“大病”，而且保“小病”，不仅对参保人的住院费用给予一定补偿，而且对其门诊费用也给予一定补偿。而后者的保险范围很小，一般只对其承保范围内的几种或者某一种疾病的住院费给予一定金额的补偿。

（3）两者保险费筹集方法不同　前者由国家、单位（集体）、个人三方面负担，个人按照一定比例以保险费的形式缴纳，负担较少。后者费用完全由参保人承担，国家和单位（集体）不予分担［用人单位（集体）自愿为劳动者分担的除外］。

（4）两者的管理制度不同　前者由政府集中领导，由各地医疗保险机构具体管理。后者由金融机构领导，由商业保险公司具体承办，保险公司作为相对独立的经济实体，实行自主经营、自负盈亏的核算制度。

（5）参保人参加保险的条件不同　前者的参保条件没有什么特殊规定，

无论是健康人还是有病的人都可以参加该保险（具体规定详见医疗保险制度的相关文件）。后者的参保条件以保险公司的规定为准，只有具备参保条件的人，保险公司才接受其参保。

（6）两种保险制度给予参保人的保险待遇不同　前者一般按照医疗费的一定比例给予补偿，数额具有不固定性，不完全以个人缴纳的保险费用为准，具有社会救济的性质；而后者则一般按照一定金额补偿，补偿金额具有固定性或者一定范围，超支部分则由个人负担，该保险是保险公司根据保险的“大数原则”来具体操作的，具有商业性的救济性质。在实践中，由于社会医疗保险不可能补偿参保人全部的住院医疗费用，因此商业医疗保险就可作为社会医疗保险的有益补充，弥补参保人差额部分的损失。根据医疗保险的补偿原理，医疗费用的理赔是以实际医疗费用支出为最高限额的，对社会医疗保险做出补偿后的剩余医疗费用，商业保险公司将按照保险条款理赔。

5. 商业医疗保险投保渠道

（1）网上投保　随着互联网的发展，国内出现一批在线投保比价平台，例如开心保保险网等。消费者只要乐意，就可以在网上查到险种的基本内容，例如承保范围、保障金额、保费、时效等。轻松填写一些基本资料，选择想要投保的险种就可以完成投保。

（2）代理人服务　虽然越来越多的投保渠道纷纷登场，可比较传统的代理人制度依然有它的优势。代理人对自家保险公司的产品非常了解，而且也有不少保险公司积极对自己的代理人进行财务规划等培训，使得代理人能够针对投保人不同的职业、年龄、家庭结构等因素，设计比较完善的保障方案。同时，选择通过代理人购买的另一大好处是可以得到续期、理赔等售后服务，形成长久的合作关系。

（3）保险代理公司　如果说，由于保险代理人只能推销自己公司的产品，其中不免存在言过其实、不够客观的方面，那么保险代理公司则可以推荐不同公司的险种，让消费者有个比较，也能比较客观地分析险种，更好地满足投保人需要。这种产品间横向比较使投保人选择的范围更加广泛。这也是保险代理公司的最大优势。

（4）保险经纪公司　代理人是保险公司的代理人，代表保险公司的利益；而经纪人则是投保人的经纪人，考虑的是投保人的利益。从这一点上不难看出，保险经纪公司比代理人或是保险代理公司来得更加客观些。这样，更有利于投保人找到合适的保险组合，不受代理人或者代理公司偏好的误导。

（5）银行投保　通常在银行销售的保险是设计比较简单，消费者容易理解的储蓄、分红型保险，而需要仔细研究条款的健康险、长期寿险等产品，在银行柜台上很少见到。在银行买保险非常方便，只要当场签保险合同即可，在费率上通常会低一些。

6. 投保商业医疗保险的注意事项

消费者在购买商业医疗保险时应留意以下几个重要条款。

（1）免赔条款　医疗风险主要是门诊医疗风险和住院医疗风险，其中最主要的是住院医疗风险，因此消费者一般会优先投保住院医疗保险。但是，住院医疗保险属于补偿性保险，而补偿性保险是根据实际支出进行补偿，且补偿额度不能超过实际支出。为此，保险公司一般会对住院医疗保险规定一个免赔额，即如果医疗费用低于免赔额，则被保险人不能获得赔偿；如果医疗费超出免赔额，保险公司将按一定比例进行赔付。

（2）如实陈述　被保险人在签订商业医疗保险合同时一定要将自己的身体健康状况及既往病史如实向保险公司陈述，以便保险公司做出是否接受投保或以什么条件接受投保的决定。如果投保人故意隐瞒疾病事实，不履行忠实告知义务，保险事故发生后，保险公司将不承担赔付责任，也不退还保费。

（3）投保犹豫期　购买商业医疗保险后，消费者如果后悔，保险公司可以无条件退保，但后悔有时间期限，一般为10天，这就是投保犹豫期。投保人在犹豫期内退保，保险公司除扣除不超过10元的成本费外，要退还投保人缴纳的所有保费。因此，消费者可以利用投保犹豫期，仔细研读保单，做出投保或不投保的决定。

（4）责任条款　消费者在购买商业医疗保险时一定要看清险种的责任范围，因为只有在保险责任范围内发生保险事故，保险公司才会履行赔付义务。比如，保险公司对住院医疗保险规定了一个观望期，观望期一般是在合同生效日 90 天或 180 天内，在观望期内发生的医疗费支出，保险公司不负责赔付。

延伸阅读

商业医疗保险是否价格越便宜越好？

你在购买商业保险前，对它的了解有多少？是否总以为保险保障功能越多越好？保险是否越便宜越好？赶快走出这些误区，重新认识商业医疗保险吧。

误区一：保险保障范围越大、功能越多越好。

商业医疗保险的价格与保障范围密切相关，如果保险保障范围超出需要，则意味着支付了额外的价格。例如，一个教师发生工伤的机会微乎其微，如果其购买的保单责任范围包括工伤医疗费用，则他"白付"了工伤保险的钱。我们真正需要的是适合自己的保险产品。

误区二：越便宜的保险越好。

商业医疗保险不比其他商品，其费率是精算专家根据保险责任范围科学制定的，加上保险费率接受监管部门的严格监管，所以保险产品目前并不存在价格竞争。这就意味着，较便宜的保险产品，其责任范围和给付条件必然受限制。

误区三：年轻时身体好，老了再买保险。

一方面，根据统计资料，年轻时发生大病和意外的概率并不小，因此也需要医疗保障；另一方面，人身保险实行的是均衡费率，投保年龄越大费率越高，如果不在年轻收入较高时投保，年老时可能无力购买足够的医疗保险。

第七单元

农村土地流转与管理规划

单元提示

- 了解农村集体土地的含义及分类。
- 了解农村土地流转的概念、类型、现状和基本原则。
- 熟悉掌握农村土地流转七种模式的组织形式、运行、职能及利益连结方式。
- 了解农村荒地、林地的融资与管理。
- 能够根据农村土地实际情况及需要，选择适当的农村土地流转模式。

一、农村集体土地管理和分类

（一）农村集体土地概念

农村集体土地是指农民集体所有的土地，也叫作劳动群众集体所有的土地。这里的集体所有，是专指乡（镇）、村，村民小组等类同性质的农业集体经济组织对土地的所有权，其他任何集体对土地没有所有权；农村的土地（包括城市郊区），除法律规定属于国家所有或已依法征收的外，均属于集体所有，农民使用的宅基地、自留地、自留山等都属于集体所有；集体土地是我国土地所有制的一种形式。

农村集体土地使用权是农村集体经济组织及其成员以及符合法律规定的其他组织和个人在法律规定的范围内对集体所有的土地享有的用益物权。集体土地使用权的主体为特殊民事主体，主要为集体经济组织及其成员，集体经济组织设立的企业和公益性组织；只有在法律、行政法规规定允许的个别情况下，才可包括集体经济组织以外的单位和个人。

（二）农村集体土地的管理权

农村集体土地的管理主体一直是按照“乡镇、村、组三级所有”，集体土地的管理主体应是分别对应的经济组织。我国现行宪法、民法通则、土地管理法和农业法均规定我国集体土地所有权的法定主体为“农民集体”，如《土地管理法》第八条规定：“农村和城市郊区的土地，除由法律规定属于国家所有外，属于农民集体所有。”第十条规定：“农民集体所有的土地依法属于农民集体所有的，由村集体经济组织或者村民委员会经营、管理；已经分别属于村内 2 个以上农村集体经济组织的农民集体所有的，由村内各农村集体经济组织或者村民小组经营、管理；已经属于乡（镇）农民集体所有的，由乡（镇）农村集体经济组织经营、管理。”该法条对集体土地所有权制度做了三个层次的科学规定，即乡（镇）农民集体土地所有权，村农民集体土地所有权，组农民集体土地所有权。明确了集体土地经营管理者为三种，即乡（镇）农村集体经济组织，村农村集体经济组织或村民委员会，组农村集体经济组织或者村民小组。农村集体土地所有权的主体是农民集体，集体土地所有权的行使必须体现农民集体成员的共同意志和利益，而不是个别人或组织的意志和利益。

（三）农村集体土地分类

1. 农民的承包土地

农民都办有土地承包证，受国家《土地承包法》保护，农民承包期为30年，这类土地流转对资产的形成比较困难，利用土地的使用价值还可以。

2. 农民的林地

农民有的办了《林权证》，但大部分都没办，受国家《林业法》保护，农民所有权和使用权为50年或70年，这类土地流转对资产的形成比较有利，在法律层面上和林业部有关规定是可以抵押贷款，但银行方面认为处理抵押林地时不能随意处理树木，还需林业部门发证许可。

3. 农民的荒山、荒坡等地

农民一般都没有办证确权，受国家《土地法》等政策和法规保护，使用权为50年或70年，这类土地流转对投资者有利，可以抵押贷款，只需向国土部门出具村委会经村民代表大会同意的抵押同意证明，就可以办抵押登记。

以上三类农村集体土地农业使用性质不变，目前有关机构和政府正在探讨土地上的附着物确权的问题，在中国有可能出现农业地产的机遇。

二、农村土地流转

（一）农村土地流转概念

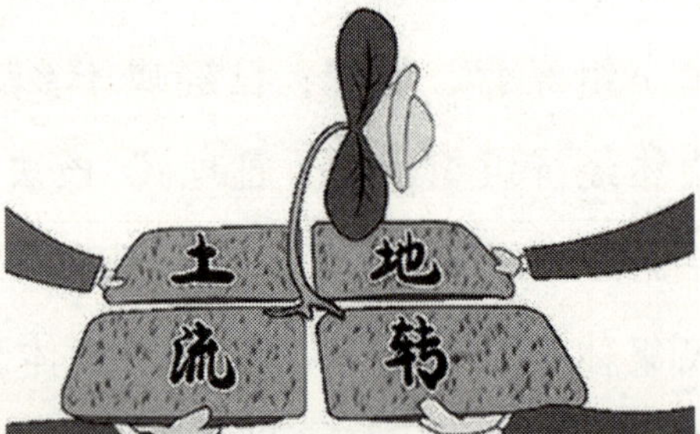

1. 农村土地产权

（1）土地所有权　即狭义的土地所有权，它是土地产权的核心，由其产生其他权能且受其制约。土地所有权是指土地所有者拥有的、要受到国家保护的排他性专有权力。可以细分为占有权、使用权、收益权、处分权等权能。这些权能在一般情况归属于一个主体，也有在特定情况下分属于多个主体。

（2）土地使用权　土地使用权一般可划分为狭义的和广义的土地使用权。前者是指依法对土地进行实际经营和利用，而后者则包括土地占有权，狭义的土地使用权。土地使用权是依法对土地加以利用并获得收益的权利，是在土地所有权中派生出的财产权。按实际使用者，它可分为所有者的土地使用权和非所有者的土地使用权。非所有者的土地使用权在时间等方面有限制，一般要向土地使用权出让者支付一定报酬方能获得。

（3）土地占有权　它是指土地所有者对土地的实际占领、控制的权利。它是行使所有权，实现使用权和支配权的基础。土地占有权是根据法律规定所产生的权能，它与对土地的占有是不同的。占有是指对土地实际控制的事实。根据占有的事实状态，它可以分为土地所有者的占有和非所有者的占有。

（4）土地收益权　土地收益权是指获得在土地上产生的经济利益的权利。它包括土地使用者因使用经营土地所应取得的经济利益的权利和土地所有者即使在自己不直接经营土地的情况下，也享有以地租为一般表现形态的收益权。它是土地产权中的一个重要权利，它使土地所有权在经济上得以实现。

（5）土地处分权　又称土地处置权，一般指土地所有者在法律与政策许可的范围内根据自己的意愿对其土地行使出让、转让、出租，抵押、赠予等处置的权利。在我国，国家拥有完全的国有土地处分权，而农村集体经济组织只是拥有集体所有土地部分的处分权（土地使用权的转让、出租等）。

2. 农村土地流转的含义

这里说的土地流转是指农村土地承包经营权在国家、集体、个人和经济组织之间的流转，即农村土地使用权的流转。

延伸阅读 “土地流转”转出百姓好生活

“我把家里的2.8亩地，租给了黄鹂果品专业合作社，今年地里的活我就不用操心了，可以安心在集贤产业园打工了。不仅打工挣钱，土地租出去年底还能分到一笔钱！”9月1日，周至县集贤镇邵家堡村邵永峰夫妇俩说起土地流转时，高兴得合不拢嘴。

为了拓宽群众增收致富渠道，集贤镇结合当地农村土地经营状况和特点，积极推进土地流转政策，大力发展果业、苗木产业，通过引进企业、发展产业大户、培育合作社，实施土地分租、股份合作等方式，激活农村土地经营权流转，促进土地经营的规模化、产业化、集约化。王永社是严堡村一个普通农民，几年前他瞅准苗木前景，租赁了本村8.3亩地，大力发展苗木花卉，加之他懂技术、会经营，很快发家致富，租地户每年也得到一笔收入，因而他成为该镇闻名的致富能手。在财神文化区打工的赵代村村民李栓柱说，先入股的邻居，当年不仅拿到了租金，有的村民还进了农业博览园、集贤产业园打工，一年下来收入翻了两番。

土地流转能带来什么？67岁的刘家堡村民刘增峰老人给笔者算了一笔账：种一茬玉米大概每亩产500千克，按每千克0.5元计算，一亩就是1 000元。刘增峰还说：“但这些还没有除去化肥、农药、种子……算下来，一亩地也挣不了几个钱。”但他把地租出去后，每亩地一年租金800元，他每天在产业园药厂上班8小时，月工资1 600～1 800元。“更重要的是还能学点技术，以后还能圆咱创业当老板的梦啊！”新城村田菊梅说。

"土地流转后，收入就更高了"。严堡村张忠林说。他把组里零星土地通过村上这个"媒人"流转回来3.8亩，前年春栽雪松、百日红、石楠等苗木，每年收入9万~10万元，这在以前是很难想象的。张忠林笑眯眯地盘算着明年换一辆新轿车。

"要让老百姓支持，关键是要给农民一个公道的价格。"农发办干部告诉笔者，土地流转已成为经济实现新一轮发展的"兴奋剂"，不仅可以拓宽农民致富渠道，增加农民收入，也实现了社会效益、环境效益和经济效益的统一。

（二）农村土地流转的原因分析

1. 土地承包经营成本高，收益低

在我国实行免征农业税之前，广大农民承包经营土地的费用高，负担重，受益却比较低，土地承包经营的积极性不高。同时也有一些农民以自己享有的土地承包经营权进行生产的入股或者参股。这是在农业税免收前我国农村土地承包经营权流转的一个最为重要、最为突出的原因。

2. 我国农村第二、第三产业的发展与劳动力的转移

农村土地进行第二次承包时"增人不增地，减人不减地"的原则，使得原来农村中比较突出的人多地少的矛盾更加激化。原则促使本地大量劳动力向第二、第三产业转移或者外出务工。但是在转移劳动力中有些是全家人全部转移的，他们的土地承包使用权就转让给了他人或企业。

3. 乡镇、农村的非农建设项目的需求

乡镇、村部因招商引资或建设工业园区发展经济的需要，集中工作从农民手中将土地的承包使用权用租借方式转移给开发商。

4. 农村产业结构调整的需要

乡镇村部为了提高生产效率，支持鼓励规模化农场经营的大户，一方面大力支持散户将所有的土地承包权租赁转让给种植大户，承包大户；另一方面村镇机关先将散户的土地承包权流转出，然后集合整体大块儿转租给开发商，也就是反租倒包。

（三）农村土地流转政策的发展现状

1. 政策发展的现状

十七届三中全会关于土地流转的决定："加强土地承包经营权流转管理和服务，建立健全土地承包经营权流转市场，按照依法自愿有偿原则，允许农民以转包、出租、互换、转让、股份合作等形式流转土地承包经营权，发展多种形式的适度规模经营。有条件的地方可以发展专业大户、家庭农场、农民专业合作社等规模经营主体。"

2. 政策在发展过程中的问题

近年来，随着农业结构调整，农村土地流转的脚步加快，土地流转使得土地资源能够得到最好、最有效的利用，对农民增收和农村建设有了很大的贡献。但是，在执行的过程中，也产生了一些问题。

（1）农民的基本保障问题　土地是农民的主要收入来源，土地流转使得农民失去了能够保障其基本生活的物质基础，农民不愿意放弃土地给他们带来的生活保障。一旦土地被征用，征用费用是对土地经济效用的一次性补偿，但是农民永久性地丧失了土地收益。农民在土地上劳动，实际上是雇佣自己，这样解决了自身甚至是全家的就业，土地为农民提供了就业的保障。现在农村的社会保障（包括失业保险、养老保险、医疗保险、最低生活保险）体系还不够完善，一旦失去了土地，农民的基本保障就产生了问题。

（2）"农民工群体"的快速增长　农村土地流转过程中会产生大量的闲置劳动力，因此，劳动力会大量拥向城市，从事非农产业。在城乡二元结构之间形成一个新的群体，即“农民工”群体。当他们放弃了土地的经营权，脱离了原有的集体组织，又没有完善的城镇社会保障提供给他们，他们就会陷入失业、失地、缺乏社会保障的局面中。农民们在向城市转移时，就不愿意参与土地流转，这样对农村土地的流转造成了困难。土地流转必然伴随着大量失地农民的出现，由于农民本身职业技能和知识水平较低，难以跟上现代技术的演进步伐，短期内他们必将面临生存的压力。

（3）政府的农村土地流转管理机制存在缺陷　土地流转政策在执行的过程中，出现了一些损害农民权益的情况。农民在土地流转后的收益包括经营权流转的收益、作为集体土地共有人应得的集体土地流转收益和土地流转后的增值收益。而强制性的土地流转的案件在全国也时有发生，有未通知农民或者未经农民同意就强制性地流转了农民的土地。这些都表明了，在土地流转的执行过程中，政府的监管作用还没有完全地发挥。

（四）农村土地流转的模式

1. 转包

土地转包是指土地承包方将一定时期内的农村土地经营权转让给同一集体经济组织内的其他承包户，其他承包户得到土地并不改变土地的农业用途。土地转包对于最初集体和农户之间的承包关系没有影响，原承包方依然需要履行同集体签订的承包合同规定的义务，土地转包的承受方只是对原承包方负责。土地转包在各种流转形式中出现的时间较早，是农民自发创造的一种简便易行的流转方式，这种流转方式对于稳定农村土地生产经营和促进农村劳动力转移就业，防止耕地撂荒，扩大土地经营规模起到积极作用。土地转包的双方要签订规范的合同，以明确双方的权利和义务，合同要交土地管理部门备案，转包土地的位置、面积和用途要在合同中载明，转包后土地用途必须符合国家法律、法规的规定，其他事项，例如转包期限、转包费用等也应一并载明。

2. 出租

土地出租是指原承包方将土地经营权在不改变原来承包关系的前提下一定期限内租赁给其他人用于农业生产经营，流出土地的一方继续履行土地承包合同所规定的义务。土地出租相较于土地转包最大的特点是土地承受方可以是原承包方所在的集体之外的个人或单位，土地出租既可以保留承包土地的权利又能够不直接从事生产而获得收入。在出租引起的各主体关系中，发包方与承包方之间存在土地承包经营关系，属于用益物权关系；承包方与承租人之间存在租赁关系，属于债权关系。土地承包经营权的债权关系受物权关系的制约，因此，土地出租应该遵从以下规程：首先，租赁双方在平等、自愿的条件下签订租赁合同；其次，承包方原承担的义务和享受的权利不变，租赁双方通过签订合同，明确各自的权利和义务；最后，租金和租期在双方协商下确定，租金的支付方式由双方协商确定。由于租赁权属于债权，所以租赁方不能将所租赁土地的使用权进行转租，除非经过出租方同意或者合同有相关的许可约定。

土地流转给村民带来实惠 经典案例

重庆市江津区德感街道办事处三河村村民张泽富于2003年创办了雄风果业有限公司，以田地350千克稻谷/亩、土地250千克稻谷/亩共租用本村农民的720亩土地，新建优质晚熟柑橘园，所产柑橘由恒河果业公司负责收购。截至目前，他共投入450万元，预计在2010年做到当年收支平衡，2015年收回全部投资。

这种做法，一方面解决了外出务工农民的后顾之忧，解决撂荒地100余亩，增加了农民收入，使外出务工农民在获得劳务收入的同时，又获得土地租金收入，而且土地租金收入比农民种植水稻的纯收入要高；另一方面果园建设初期能解决40人左右常年务工，盛产后能解决150人务工，年均工资5 000元左右，就地转移了部分难以外出务工的劳动力就业问题。此外，通过果园建设还改善了农业生产条件，推动了规模经营和产业发展。

3. 互换

土地互换是指同一集体经济组织内的承包户出于方便经营或其他方面的考虑，相互交换所承包的土地及相应的承包经营权。由于土地的地理位置或土壤肥沃程度不一致等因素的存在，交换的土地可以是面积不相等的。土地互换的最大限定条件是必须在同一集体经济组织互换这种流转模式对改变地块零碎、实现土地归并具有明显的意义，有利于村集体经济组织进行土地整理和规模化经营。互换也是一种比较彻底的产权交易行为，土地互换要签订土地互换合同，原土地使用者享有的权利和承担的义务是否随之转入应在合同中载明，土地互换双方不能随意改变土地的用途，按规则办理土地使用权证的过户手续。

土地互换方便耕种管理 经典案例

新疆沙湾县四道河子镇下八户村1万多亩土地，分地时被分割成近1 300块，同一户家庭的土地分散在好几个地方，耕地、浇水、管理很不方便。村支书赵金财上任伊始，听说毗邻的兵团团场的棉花产量都在400千克以上，就领着村干部去取经：人家高产的奥妙就在于——土地集中连片、全部采用滴水灌溉，耕种管理非常方便。

2009年初，下八户村在征求多数村民意见的基础上做出决定：全村进行大规模土地互换。七零八落的上千块土地，一下改造成一块块大条田。农民也在土地互换中得到了实惠。如今全部土地实现滴水灌溉，1/3 的农民外出务工。去年，下八户村农民人均纯收入近 8 000 元。

4. 股份合作经营模式

土地承包经营权股份合作经营模式是指原承包户在家庭承包经营的基础上，以土地承包经营权作价入股的方式组成股份合作企业，实行农业合作经营的制度。原承包户之间可以自愿将承包土地入股发展农业合作经济，但股份合作经济解散时必须将入股土地退回原承包方。以股份制形式流转农村土地资源，一方面可以形成新的自愿配置机制。原来的土地政策对于人口变动实行“增人不增地，减人不减地”，实际上使得人人分配土地的愿望落空，行动股份制方式可以将股份按人口变动定期重新调整，这在一定程度上可以克服原政策的不足之处。另一方面股份制经营可以避免小农分散经营的弱点。土地股份制经营并不排斥其他经营方式。农民仍可以家庭基本单位去承包若干股份的土地经营，或者若干农户联合转包若干股份的土地经营或实行适度规模经营。

股份合作经营见成效 经典案例

崇州市杨柳土地承包经营股份合作社于 2010 年 5 月成立，位于崇州市隆兴镇黎坝村，是由黎坝村 15 组 30 户农户发起，以土地承包经营权入股方式组建的土地股份合作社，入股面积 95.57 亩，入股资金 95 570 元。合作社主要从事粮食作物和经济作物标准化、规模化、集约化、品牌化经营。

组织形式　按照入社自愿、退社自由和利益共享、风险共担的原则，黎坝村 15 组 30 户农户自愿将确权后的 95.57 亩承包土地，按 0.01 亩和出资 10 元折成一股，共折股 9 557 股，组建合作社。合作社制定完善章程，建立健全内部管理制度。按照章程规定，由社员代表大会选举产生了理事会、监事会。理事会和监事会各3人，设理事长1人、监事长1人。合作社由理事会负责统一组织生产经营，监事会负责对生产经营和财务收支执行情况进行监督。

运行机制　由理事会决定“种什么、如何种”，现种植模式是：大春种粮食（富硒水稻）、小春种经作（特色蔬菜、食用菌等）。合作社通过与崇州文井源品牌推广公司签订合同，按照文井源品牌农产品生产标准和质量标准及订单要求组织生产。合作社利用入社农民出资的95 570万元作为生产经营的启动资金。由理事会出面聘请农业技术员周维松为生产经理，并与生产经理签订了产量指标、生产费用、奖赔合同。按合同约定：2010年大春种植富硒水稻亩产达到400千克，亩平生产费用控制在510元以内，超产、短产部分分别按50%奖励、赔付。实行种子、肥料、农药的“三统购”和机耕、机防、机收、田管的“四统一”。

利益连结方式　合作社年终经营纯收入按9∶1比例按股分红，即收入的90%用于土地入股分红，收入的10%作为公积金、风险金和工作经费。

初步成效

1）合作社种植的水稻增收明显，亩产富硒水稻410千克左右，按与文井源品牌推广公司签订的合同最低保护收购价每千克3.7元计算，亩平收入1 100元左右，而种植普通水稻亩平收入在1 000元左右。

2）合作社经营实现了种子、肥料、农药等“统购”，机耕、机防、机收等“统管”，质量保证、价格便宜，仅此每亩减少成本50元。

3）入社农民从单纯的农业劳动中解脱出来，安心外出打工挣钱，每人每月还能挣1 000～1 200元。

5. 反租倒包模式

反租倒包是指集体经济组织将原承包户的土地部分或全部承包过来，再重新发包给第三方经营，集体经济组织给予原承包方一定的经济补偿，新的承包主体需要通过缴纳土地承包费的形式才能获得土地的承包经营权。通过这种形式，农村集体组织根据土地规模化经营的需要对土地资源进行重新配置，最大限度地发挥土地的生产潜力。

反租倒包形式是两个租赁行为的统一，即农民个人先将土地租赁给村集体经济组织，村集体经济组织再将土地租赁给其他组织或个人。这种模式的具体操作模式主要包括以下两种：一种是村集体经济组织统一规划和必要的基础设施改造后，以收取承包金的形式租赁给愿意承包的企业或农户；另一种是由村集体经济组织统一经营，农户承包田间管理并取得劳动报酬。

反租倒包模式相较于其他模式优势主要有以下几方面：

首先，反租倒包模式能够吸引大量社会资金进入农业产业。由于国家的产业政策支持，最近一些年来，越来越多的企业、社会团体和个人将农业领域视为下一个经济增长热点，但由于中国土地政策的特殊性，外部资金进入农业领域存在着极大困难，外部的企业、社会团体直接和农民合作成本很高，单个农民的分散土地难以满足企业需求，这时候通过借助村集体经济组织这个中间媒介，先由集体组织将分散的土地组织起来，再由集体组织代表农民同外部企业组织合作，这在很大程度上降低了企业进入农业产业的成本。

其次，反租倒包能够增加农民收入，扩大土地生产规模，提高土地生产效率，农民能够分享增值收益。农民还可以通过外出务工经商获得非农产业收入。

再次，集体经济组织可以获取租入和租出土地的差价收益。农村集体经济组织可以通过农田水利基础设施建设等途径，改善农田生产条件，使土地增值，提高租金获得更高的级差地租收益。

最后，反租倒包是一种规范的土地流转形式，能够保证流转各方的合法权益。反租倒包模式在保持原有的土地承包经营权不变的前提下，较好地体现了土地的资本属性，为农村土地、科技、劳动力、资金、信息等生产要素的优化组合和集约化、产业化生产开辟了新的途径。

反租倒包模式在实际操作过程中也存在着各种问题。首先，农民不可能全部都进入承包土地的企业或外出打工，必然有相当一部分农民失去就业的机会。其次，集体经济组织可能在土地的流转过程中侵害农民的利益，强制流转、侵占农民流转收益等。

6. 土地银行模式

土地银行模式，也被称为土地信托模式或土地信用合作社模式，土地银行并不开展普通银行业务，只是借助银行吸收存款、发放贷款的模式来促进农业用地的流转。开展土地银行业务的前提是坚持土地所有权不变，稳定承包经营权，按照“依法、自愿、有偿”的原则，将土地承包经营者一定期限内的土地使用权租赁过来，并将其在一定期限内转租给其他单位和个人。通过这种方式，扩大了土地使用权流转的空间界限，使土地资源的空间配置范围扩大，有效提高土地资源的利用效率。

土地银行的优点主要表现在以下方面：

· 农民可以在任何时候将土地经营权存入土地银行，需要使用土地的人也可以在任何时候从土地银行贷到规模化了的土地。

· 土地银行模式可以规范双方的流转行为，土地经营权的存贷各方通过中立的第三方媒介进行交易，可以保证土地的规范化流转。

· 土地银行模式通过土地的零存整取，能够整合土地资源、实现土地规模化经营。

· 土地的存贷双方有充分的自由决定是否存贷土地，过程中不会产生强制存贷现象。

土地银行模式最大的缺点是对土地之外的环境政策要求严格：第一，当地的第二、第三产业必须非常发达，农村土地流转供需比较活跃，只有这样才能为建立专属的中介机构提供足够的发展空间。第二，土地银行自身要有较强的经济实力，能够承受经营风险。第三，需要当地政府提供政策支持。

江苏无锡桃源村，土地承包经营权集合信托计划 经典案例

2013年11月，北京信托在江苏无锡推出第一单土地流转信托——“北京信托—无锡阳山镇桃园村农村土地承包经营权集合信托计划”。

该信托期限为不少于15年，收益由“固定收益+浮动收益”两部分组成。桃园村项目中，北京信托引入了土地股份合作社，使土地经营权股份化。桃园村土地信托采取了“土地合作社”+“专业合作社”的双合作社设计，即首先将拟进行信托的集体土地经营权确权到村民个人，再由村民以其土地经营权入股“土地合作社”，“土地合作社”作为委托人以土地经营权在北京信托设立财产权信托。同时，桃园村的水蜜桃种植能手成立“水蜜桃专业合作社”，北京信托代表桃园村土地信托将土地租赁给“水蜜桃专业合作社”。北京信托从“水蜜桃专业合作社”获得收益后再依据信托合同分配给受益人。将来，北京信托可根据需要为专业合作社提供资金支持。

宁夏“土地银行”实验 经典案例

2007年，宁夏平罗县小店子村曾做过“土地银行”探索。宁夏平罗县姚伏镇小店子土地信用合作社与一般的信用合作社不同，该合作社经营的主要是土地，因而被当地农民形象地称为“土地银行”。具体而言，这里的农民以村为单位成立“土地信用合作社”，在不改变土地用途的前提下，农民自愿把自己的耕地存入合作社，由合作社向

存地农民支付“存地费”；合作社再把土地“贷”给经营大户或企业，并收取“贷地费”。

具体做法：集中该村两个小组共1 700亩耕地，然后把这些地“贷”给该村村支书兼合作社理事长叶立国，由叶立国统一经营。入社的农民每亩每年可得480元“存地费”，叶立国作为承包人，每年每亩要支付农民490元的“贷地费”。按照合作社章程，存贷之间的每亩10元的差价，主要用于本村集体公益事业。

在平罗县土地合作社章程中，有一个条款尤为引人注目，那就是第21条：“本社的存地证可以用作质押物。本社存地人以存地证为本人或他人担保、抵押的，应当事先告知并征得理事会同意并出具许可证明方可担保、抵押，否则无效。”

“存地证”如果可抵押贷款，事实上就等于“农地承包经营权”可以实现抵押。在当时，这无疑突破了现有法律“农地承包权不能抵押”的限制。

合作社给农民发的“存地证”是一个红皮的证书，内容和格式由县农牧局经管站指导设计。存地证的内容，包括存地人姓名、住址、存入土地面积、土地性质、存地日期、期限、年每亩价格、年总计金额等。在另一页，还有存入土地的具体地块、位置等信息。

7. 土地承包经营权换社保模式

土地换社保是农民以放弃土地承包经营权为代价，换取农村养老保险待遇的制度，土地换社保对于加快农村土地流转，推进土地向规模经营的农户或组织集中，促进农业结构调整，有效解决农民社会保障问题是一种有益探索。土地承包经营权换社保是农民将承包的土地交回集体，集体组织流转土地实现规模经营，土地的所有权仍然是集体的。土地换社保模式实现了农村养老方式的历史性变革，实现了农民由靠子女的家庭自助型养老向靠土地流转金、靠集体、靠政府的共济型养老模式的转变，推动了农民向市民转变的进程。

以土地换社保为特征的嘉兴模式 经典案例

1998年，《嘉兴市区土地征用人员分流办法》出台，针对传统征地制度中征地范围广、补偿标准低和失地农民没有保障等问题和弊端，采取“三统”“一分别”的新办法。“三统”即政府统一征地，统一补偿政策，统一办理失地人员农转非和养老保险；“一分别”即政府将所有费用转入到劳动社保部门的社保专户，直接落实到安置人员个人账户上，并按照不同年龄段对被征地人员分别进行安置。嘉兴模式把土地流转中农民的安置补助费和土地补偿费，用于农民的社会保障，开创性地解决了失地农民的社会保障问题，成为以后许多地方政府借鉴的样板。

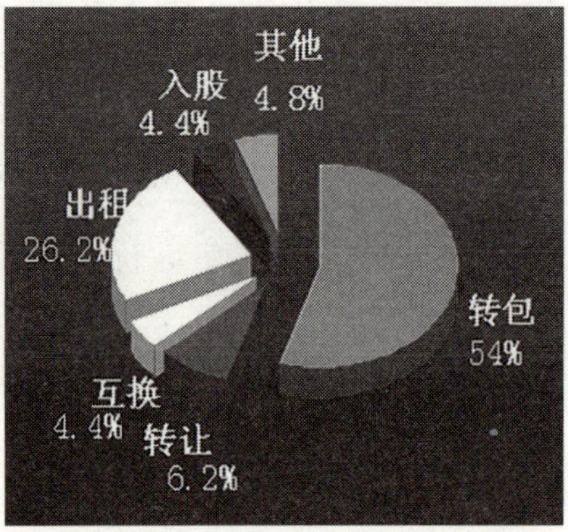

土地流转模式比例图

（五）农村集体土地使用权流转的基本原则

1. 必须遵循依法进行的原则

不少地方的土地流转缺乏政策和法律依据，多是民间私下无组织、无秩序的流转，没有合同契约，也不通过镇、村等组织办理登记手续，仅仅依靠双方达成的口头协议进行土地使用权的流转，特别容易引起纠纷，并且不容易在法律框架下解决。因此，必须按照我国的《宪法》《土地管理法》《土地承包法》及《农村土地承包经营权流转管理办法》等法律法规中的规定有序地开展农村集体土地使用权流转。

2. 必须遵循自愿、有偿、平等、协商原则

有的村干部不能按照群众意愿，强迫农民流转土地，引起群众的强烈不满。无论流转面积是大是小，任何组织和个人都不得强迫或者阻碍农户进行土地使用权的流转，都必须平等协商、遵循农户的意愿进行自愿流转。并且，任何土地的流转都应该遵循市场经济规律，给予一定的经济补偿或补助。

3. 必须坚持流转期限不得超过承包期的剩余期限的原则

《中华人民共和国土地管理法》中明确规定土地承包经营期限为 30 年，2002 年颁布的《中华人民共和国土地承包法》中规定耕地的承包期限也为 30 年，土地流转的期限应该控制在承包期剩余期限之内。

4. 必须坚持不改变土地所有权性质和土地的农业用途原则

近些年一些地方以发展经济的名义，对农村土地进行大规模的征占，任意改变农用地的用途，谋取不义之财。土地承包经营权（使用权）流转，绝不能改变土地使用性质，不能改变土地用途，必须守住 18 亿亩耕地红线，确保国家粮食安全。

延伸阅读 农村产权抵押融资，宁夏破冰之举

近日，记者在平罗县通伏乡通城村见到养殖大户杨某，他兴奋地说：“确权颁证是我承包土地最有法律效力的证明，也是向银行申请贷款的合法资产证明。我是这次农村土地流转政策的第一批受益者，真幸运！”

2009 年初，杨某承包了 4 020 亩土地，用于水稻规模种植

和秸秆养牛，但资金周转难一直是他的心病。2012年，平罗县推广农村土地和房屋产权确权颁证，当年杨某就用流转土地经营权证作抵押，从银行贷款300万元，解除了储备农资和春耕备耕的后顾之忧。

“过去贷款需提供担保人和抵押物，农村土地不允许抵押贷款，主要靠自己的信用担保，额度不大。现在，用流转土地经营权证等抵押贷款，一周就贷出来了。”杨某说。

2012年，平罗县先后被农业部列入国家级农村改革试验区、农村土地承包经营权流转规范化管理和服务试点地区，由此开始了土地确权登记颁证工作，向农户颁发新的农村土地承包经营权证、集体荒地承包经营权证、房屋产权证和宅基地使用权证4个证书。通过农村土地产权评估、收储以及流转服务，让沉睡的土地变成活的资产，变成可存可贷的“资金”。

在改革试验中，平罗县通过明晰产权，给农民吃了“定心丸”，并探索建立了农村土地规模经营、农村土地经营权抵押贷款、农民“三权”自愿永久退出收储“三项机制”，积极推进土地流转向依法规范转变、农村资源向资本化转变、农村土地分散经营向集约化经营转变、农民向市民转变。

人民银行银川中心支行行长胡某告诉记者，长期以来，抵押不足是“三农”贷款难、难贷款的主要制约因素。平罗县“三权”抵押贷款试验，使农村产权可以直接向金融机构抵押融资，这是我区农村产权抵押融资制度改革的破冰之举，加快了农村土地入市的步伐。

对此，人民银行银川中心支行建立起区、市、县三级人民银行“农村产权抵押贷款试点”联动工作机制，积极参与改革的制度设计，引导试点金融机构完成了贷款管理办法制定和新产品开发。

经过一年多的试运行，我区首家农村产权交易中心——平罗县农村土地产权交易中心于2013年12月18日正式挂牌成立。该中心主要从事农村土地承包经营权、农村集体建设用地使用权、农村集体经济组织股权、农村房屋所有权、农机具及农业基础设施使用权等农村产权的转让、出租、入股、抵押交易、融资等业务，承担农村资源资产化、交易平台化、融资多元化的重要功能。还将有力促进金融机构和贷款对象的信息对称，从而推动农村产权抵押贷款业务加快发展，由此为“沉睡”的土地注入更多活力。

自2012年首笔贷款发放至今，平罗县已累计办理“三权”抵押贷款908笔，金额5 300多万元，200户农户首次从中受益，实现了乡镇全覆盖。“这些交易资产与农村仍然处于‘沉睡’的资产相比，仅是沧海一粟。”胡某说，“交易中心一定会发挥撬动农村发展的支点作用，让更多的农村资产真正‘活’起来。”

三、荒地、林地融资和投资入股

（一）农村荒地融资

“四荒地”（属于农村集体经济组织所有的荒山、荒沟、荒丘、荒滩）是农村较丰富的土地资源，若合理开发，可有效增加耕地面积。“四荒地”耕地化开发的一个重要前提是，必须签订相关合同（“四荒地”耕地化开发合同），以保障“四荒地”的耕地化开发，而不是挪作他用。

1. 农村荒地取得方式和取得主体

由于取得主体的不同可采用多种方式，耕地化开发“四荒地”应根据当地的实际情况和农民的意愿，实行家庭承包、联户承包、租赁、股份合作等多种方式，只要农村集体和取得主体能达成一致。同时，“四荒地”耕地化开发合同在取得期限内，可以继承、转让，但不能允许对取得的“四荒地”进行抵押或参股联营等。

取得主体可以是农民个人、一个农户家庭、多个农户家庭组成的联合体、外来个人或组织（如企业、事业单位、个人等）以及其他开发主体。需强调一点：如果取得主体是非本集体的个人或组织，则在签订合同时应有一些特殊的规定，这是为了更好地保证“四荒地”耕地化开发的进行。例如，保证人必须是本集体的个人或组织；保证金则要按取得“四荒地”的面积核算；保证金会在耕地化开发过程中不断返回，集体不能截留。

2. 农村荒地融资取得期限

根据现行规定，“四荒地”的取得期限最长不得超过50年。为了更大程度地鼓励“四荒地”耕地化开发，取得期限可参照农村土地承包经营权的期限规定适当延长。取得主体在开发“四荒地”过程中，投入较多的资金、劳动和时间等，从成本收益的角度考虑，取得主体前期的投入是期望后期从开发成的耕地上获得直接收益。如果取得期限过短，“四荒地”耕地化开发的投入成本难以收回，不利于推广工作的开展。因“四荒地”的面积较大或“四荒地”质量较差而致使开发周期较长时，应规定较长的获得期限。

3. 农村荒地融资权利和奖励

“四荒地”开发所形成耕地的所有权归集体所有，在取得期限内开发者拥有使用权，同时在取得期限届满时，无论开发者是否属于本集体，均可以在同等条件下优先取得其所开发的耕地继续经营。集体收取的“四荒地”使用权资金，部分用于奖励和补助耕地化开发者，按开发难度、荒地面积分别进行补助，部分资金应用于开发后耕地相关辅助设施的建设。资金的用处和去向定期向所有开发户及村民公布。

4. 农村荒地融资惩罚措施

有关部门和农村集体经济组织应定期、不定期地对“四荒地”耕地化开发情况进行检查，如，在开发的过程中出现通过签订合同来倒卖土地、改变土地用途等违法、违规行为，则要严惩不贷。

取得主体是本集体个人或组织，有违反合同或法律的行为而不能进行正常的“四荒地”耕地化开发，则立即收回其所取得土地，永久不得以任何形式取得“四荒地”且集体范围内永久丧失成员优先权；取得主体是外来个人或组织，有此行为，则立即收回其所取得的土地，永久不得以任何形式取得集体范围内任何土地。保证方式是保证人的，按取得主体是本集体个人或组织的处罚方式处理；保证方式是保证金的，余下的保证金没收，且因其违法行为的不同可以向其提起侵权或违约赔偿责任。

延伸阅读 农村土地确权："四荒地"该归谁？

目前，各地对于农民开垦出的"四荒地"如何确权，还没有统一具体的政策。记者在安徽省滁州市采访时了解到，当地对于农民开垦出的河滩、荒地并不予确权发证，实际操作中依然由开垦的农民继续耕作。

滁州市国土局相关负责人表示，荒山、荒沟、荒丘、荒滩大多属于农村集体土地，有的就算空闲，可能也有其他规划用途，不能因为有人开垦耕作了，就给予其确权发证。但是考虑到农民在开垦过程中也付出了劳动，所以在没有其他利益冲突的情况下，当地提出了一个指导意见，不发放承包经营权证，但是可以仍由当事人耕作。

据了解，目前安徽的土地确权工作还没有进展到对"四荒地"进行确权，省一级也还没有出台相应指导政策，各地也只是按照各自情况进行试点。

记者了解到，在安徽，土地利用率相对较高，农民私自开垦荒地的情况相对较少。淮河岸边滩涂，会有人种植庄稼，水落则种，水涨前收，一般可以种一季，但是遇到洪涝灾情，淹了也就淹了，种植的农民也不会有太多计较。

但是，也有一些农民担心，如果对于自己开垦的荒地不进行确权登记，以后的利益如何来保证？自己种的地将来归谁，还能不能继续投入进行耕种？

对此，安徽省社会科学院副研究员顾辉表示，群众对于所开垦荒地确权发证的诉求可以理解，毕竟投入了时间、精力和金钱。如果没有权证的保障，对于开垦地的投入就可能打了水漂。尤其是今后每家每户的承包经营权都固定下来的时候，那些归属不确切的土地也有可能出现争抢的情况。

安徽省社会科学院农村经济研究所研究员谢培秀坦言，目前各地对于土地确权工作都十分慎重，尤其是对于“四荒地”的权属问题，确实不应随意决策。如果简单操作，只要农民开垦荒地就给确权发证，其他的村民也会有意见，不符合公平原则。

谢培秀说，目前有种植荒地情况的，大多也有了较长时间，如果不确权发证继续由其耕种，同村村民大多也不会有意见，这属于民间约定俗成的一种情况，一般不会有冲突。但是对于可能导致的利益纠纷，也应当有警觉。

开荒地确权涉及群众利益，要慎重稳妥，不要搞“一刀切”。“对于农民开垦的荒滩、荒地要进行详细的区分，确定其性质，再决策其归属。”谢培秀提出，对于那些应该退耕还林的荒丘、开垦后改变河流走向会影响防洪安全的荒滩或者是农村集体预留用作其他规划的机动用地，开垦的话不符合政策法律、生态安全的情况，在土地确权过程中不仅不能够给予确权，还应当收归集体。

谢培秀说，而对于那些不属于已经预先进行规划的农村集体机动地，开垦后也不会造成生态危害的情况，可以考虑优先照顾开垦者的劳动，仍由其耕种，但是否给予确权发证，还需要进行详细论证。

“比如说，不能与其他利益方存在冲突，同时在村民议事会上，2/3 以上的村民同意等。”谢培秀建议，最终决定的权力应当交给村民，按照村规民约，由村里协商解决。

顾辉表示，对于开荒地的确权涉及群众利益，理当慎之又慎。既要依照现有的法律政策，又要最大限度地兼顾群众诉求。如果最终收回群众自己开垦的土地，只要开垦行为不违背法律，应当给予合理范畴的补偿。

采访过程中，专家们都提到，对于农民开垦荒地的确权登记问题，切忌不加区分“一刀切”，执行一个政策，可能会影响农民积极性，也可能造成新的矛盾。出台指导性意见，由村民议事会协商解决，实现交权于民，是较好的解决方式。

（二）林地融资方式

1. 林地流转

林地是土地的重要组成部分，是林业发展的基础，我国《森林法》第十五条规定，森林、林木、林地的使用权可以作为资产有偿流转。依照我国相关法律的规定，林地使用权可以依法有偿流转，但林地所有权属于国家和集体，不能进入市场流通领域进行流转，因而不改变林地所有权是林地使用权流转的前提条件。林地使用权是从林地所有权中分离出来的一项财产权利，包括对林地的占有权、使用权、收益权和一定条件下的处分权。

林地流转包括狭义和广义两种流转，狭义的林地流转是指林地在不同主体间的流转；广义的林地流转包括林地权力的流转和林地功能的流转。由于我国法律明确规定林地所有权属于国家和集体所有，我国学术界大部分研究认为林地流转的实质是林地使用权的流转，是在林地使用权和林地所有权发生分离的情况下，将林地的使用权通过一定的方式转移到非所有权人手中的行为。曾华锋等（2009）认为，林地流转是指在不改变林地所有权和林地用途的前提下，林地进入市场交易，根据法律规定，按照法定程序在一定期限内，将林木所有权和林地使用权按一定的程序，通过招标、拍卖、协议等方式，有偿地由一方转给另一方的行为。

可见，林地流转的实质是林地使用权的流转，是拥有林地使用权的使用权人通过一定的方式将林地使用权转移给新的林地使用权人的行为。

2．林地投入

投入行为主要是指在生产中投入资金、劳动力和土地等活动。林地投入是指农户为了满足家庭消费的需要或者为了获取一定的生产经营利润，而在其生产经营的林地上投入劳动力和资本等生产要素的经济行为。我们所说的林地，既包括集体分配的林地，也包括农户通过各种方式流入的林地。

从农户的林业生产经营行为过程来看，农户对林地的投入行为主要是劳动力投入行为和资本投入行为。农户向林地投入的劳动力包括自家劳动力的投入（不用花费资金购买的自投工）和外部雇佣劳动力的投入（一般发生在农忙的季节）。目前，随着社会经济的不断发展，农户雇佣劳动力从事林业生产活动的现象日益普遍。农户对林地的资本投入主要包括树苗、有机肥、化肥、农药、灌溉设备等生产资料的购买和使用费用。本文中所指的林地投入主要包括自家劳动力的投入、雇佣劳动力的投入和购买生产资料的资金投入，为了研究方便，文中将自家劳动力的投入和雇工劳动力的投入折合为资金投入，所以农户林地投入是用单位面积的林地上投入的资金来衡量的。

农户的林地投入行为会受到农户家庭主体特征、林地的生产经营特征和一些外部环境特征因素的影响。具体如下：

（1）林地的立地条件　主要是指林地本身的一些基本特征，包括林地的地块面积、林地坡度、林地距家的距离、距离主干道的距离等。林地的立地条件在很大程度上决定着农户经营林地过程中的成本和收益，在农户是理性的假设下，林地立地条件的优劣会直接影响农户在某一块林地上的投入行为。理论上认为林地总面积越大，农户越倾向于增加林地总投入，即林地的总投入和林地总面积是正相关的；同时认为，林业是有着明显的规模经济效应的，单个林地地块的总面积越大，单位面积的林地总投入可能会越低。一般来说，林地的质量越好，坡度越小、离家越近、离公路越近的林地，农户的林地投入会越多，但也可能因为离公路较近的林地容易遭到人为的破坏，从而导致农户减少林地投入。

（2）经营林种　农户在林业生产经营过程中，经营不同的林种会产生不同的成本和收益，因而林种不同会导致农户的投入行为有明显的差异性。大致来说，林种分为用材林、经济林及介于两者之间的竹林三种。用材林的周期性较长，产出具有滞后性，投入一般都集中在林木生长的前期，后期投入很少；经济林的经营投入要求具有长期性和不可间断性，生长的每一个阶段都需要农户资金和劳动力的投入，同时经济林经营的集约程度较高，需要的投入较多；由于竹林本身的自然属性和多功能性，使竹林的投入既有经济林的某些特征又有用材林的某些特征。

（3）户主特征　主要包括户主年龄和户主受教育年限。户主作为家庭决策的主导者，对家庭的生产行为有重要的影响，户主年龄和户主的文化程度体现了户主对外界事物的接受和反应能力，进而影响了农户对林地投入的偏好及选择。理论上认为，户主的年龄过大或过小，对林地的投入可能会较少；户主的文化程度越高，通过其他途径获取收入的可能性越大，也可能会减少对林地的投入，但也可能存在户主的受教育年限越高，林地投入越多的现象，这可能是由于当户主具有较高的文化程度时，他的决策能力和学习能力都将增强，可能会在林业效益好时加大投入。

（4）家庭收入特征　包括家庭总收入和林业收入占比等。农户的家庭总收入是林地投入资金的主要来源，直观来看，农户家庭林地总投入和农户家庭总收入应是正相关的，即家庭总收入越高，越有利于农户进行林地投入。但从家庭收入结构来看，林业收入占家庭总收入的比例决定了林业在农户家庭中的重要程度，林业收入占比越高，农户越倾向于增加林地投入。